超療癒！

十二卷屬 多肉植物

212
品種圖鑑

×

絕對不失敗
植栽法

日本ハオルシア協會
林雅彥／監修

梅應琪／譯

001 | '紫肌玉露'
'Murasaki Obto'

這是冬季的色彩。夏季會轉變為完美的紫色（→P92）。

002 | '京花火'
'Kyō-no-hanabi'

加入草玉露系的條紋斑，具高透明感，十分美麗。

與網紋壽雜交的品種。帶有曲線紋路的窗很美。

004 | 美絲
H. cummingii

寬葉型個體，具美麗的青白色葉表，是很受喜愛的品種。

005 | 細柳瓦葦
H. angustifolia

產自奧德克拉爾（Oudekraal）的寬葉品種，
是十二卷屬（粗皮類）的原始種，
軟葉系的都是由此進化而來（→P13）。

北海道東部的培育場。由於有將近半年的時間會被大雪冰封，因此設置大型鈉氣燈彌補光線不足。

行家的溫室風景。黃紙是防薊馬用的黏蟲紙（→P32）。

006 ｜ '花紫'
'Hana Murasaki'

有斑紋的紫肌玉露，透明度高，外觀極美。
左：赤斑，上：白斑，右：黃斑

<table>
<tr><td>名</td><td>品</td><td>鑑</td><td>賞</td></tr>
</table>

| 名 | 品 | 鑑 | 賞 |

007 ｜ '黑玉雫'（左）　'黑杉雫'（右）
'Kurotama Sizuku'　'Kurosugi Sizuku'

玉露的雜交品種。在夕陽光下會閃閃發亮，相當漂亮（→P94右上）。

前言

現在多肉植物掀起一股廣大的風潮，
其中以十二卷屬為首，在各方面都很熱門，
最近十二卷屬常出現在電視或報紙上，知名度也節節高升。
我想，應該很多人會想在因緣際會下遇見一株十二卷屬的多肉植物
並且親手栽植它。
之後十二卷屬應該會更熱門吧！
為了替這股熱潮推波助瀾，因此特別企劃了這本書。

十二卷屬是美麗又纖細的植物。
雖然有難伺候的一面，但也有頑強得驚人的一面。
只要用愛栽培，一定會不斷展現出更多優美的姿態。

話雖如此，但每個人的栽培環境天差地遠，
栽培方式與對待方式，應該也會有微妙的差異。
首先請先確認自己的栽培環境，
接著了解十二卷屬擁有什麼樣的特性，
再彌補目前環境上不足的部分，如此就好。
喜愛植物的心不分新手與老手，也並不困難，
只要溫柔地對待，植物必然會回應你。

本書有幸獲得監修者日本十二卷屬協會‧林雅彥博士的全面協助，
才能將十二卷屬的魅力毫無保留地呈現出來。
特別是書中美麗的十二卷屬圖鑑，其中也包含只有林博士才擁有的珍貴照片。

由衷期盼所有喜愛十二卷屬的人，
都能透過本書得到一些助力。

編輯部

超療癒！
多肉植物十二卷屬
212 品 種 圖 鑑 × 絕 對 不 失 敗 植 栽 法
An Illustrated Guide to Haworthia

目 錄

十二卷屬的繁殖方法　97

十二卷屬的知識 & More　105

Obstar-A

什麼是十二卷屬？

看外觀就知道，這是有著透明的窗的多肉植物，外形簡直就像雕像一般……。
這個擁有多樣面貌的植物，究竟具備著什麼樣的特性呢？

植物的特徵與分類

十二卷屬是與蘆薈親緣關係很近的小型多肉植物，絕大多數只生長在南非共和國，特別集中分布於開普省與東開普省的南部。幾乎沒有莖，且葉片從土裡呈放射狀長出來的植物，稱為蓮座狀植物（Rosette plant），十二卷屬大致上是直徑5～10公分的低矮、葉厚、無莖的蓮座狀植物，多數品種的大部分植物體都潛藏在土裡，只有葉子前端稱為「窗」的部分探出地表，並透過窗所吸收的光進行光合作用，是半地生的中性植物。

實際上十二卷屬的分類並不確定，每位研究者的分類都大不相同。南非學者拜爾（M. B. Bayer）以形態的相似性匯整出約70項種類與30項變種（1999年）；德國學者布魯爾（I. Breuer）匯整出包含未記載的新品種共518種（2011年），此分類法是奠基於本書監修者林博士所創的分類（未發表），重視基因交換的可能性（共用基因庫）。然而由於十二卷屬最近發現許多新的品種，最後可能會出現超過1000項的種類。

十二卷屬之中大致區分為兩大類，葉片柔軟的是「軟葉系」，葉片較硬的是「硬葉系」。如下表所示，軟葉系分為3個亞屬，硬葉系分為2個亞屬，這區別也是因學者而異。其中的玉扇與萬象，若以葉片表皮為區分基準，是屬於粗皮類，但由於以系統來看是青玉草（*H. floribunda*）的後代，列入厚皮類較為妥當。

■ 十二卷屬的大致分類

大致的區分			特徵	本書所介紹的代表性種群
軟葉系	粗皮類	supersection *Asperdermis*	葉片細長，表皮厚且粗糙，幾乎沒有窗的原始種群。	―
	厚皮類	supersection *Pachydermis*	葉片表皮厚且光滑，一般認為是粗皮類的進化種。	壽系、玉扇、萬象
	薄皮類	supersection *Leptodermis*	葉片表皮薄。	玉露系、毛葉系
硬葉系	小花類	subgenus *Parviflora*	花瓣含黃色色素，花朵小（短）。	硬葉系
	少節類	subgenus *Oligonodes*	花瓣含紅色色素，花朵大（長）。	

在原生地的模樣與生長環境

十二卷屬所生長的南非南部，是典型的地中海型氣候，冬季冷鋒的大雨佔了全年大部分的降雨量，全年降雨量雖有500～2000mm，但由於數條與海岸平行的山脈阻擋，越過山脈前往內陸的雨量就變少了。然而，地中海型氣候的空氣濕度很高，有非常多無法像雨量一樣能觀測到的霧氣與露水，此地區就憑藉這些水分，變成了培育小型多肉植物的寶庫。

十二卷屬的原生地，是全年降雨量約在1000mm以下的半乾燥地區，有硬葉的耐旱灌木零星生長的草原或荒漠。在雨量少的南部海岸，坡度緩和的區域開發成葡萄園或小麥田等等農作區；雨量更少的小卡魯（The Little Karoo）等等內陸地區，多數成為鴕鳥的牧放區；雨量更為稀少的大卡魯高原（The Great Karoo）是山羊的放牧區，不過也經常不作任何使用。開普敦北方的納馬庫蘭（Namaqualand）等等全年降雨量在200mm左右的地區，連山羊都無法飼養，幾乎是半沙漠地帶。

在當地，很多岩石裸露的坡地上，十二卷屬會在灌木叢下或岩石間的縫隙形成群落生長，在數平方公尺到數十平方公尺的小範圍裡，密集生長了數百至數千株，幾乎沒有孤立於群落外的個體。在乾燥的內陸地區，群落範圍更是大得多，會分布於好幾平方公里的範圍之內。

毛玉露的產地，東開普省。Locality of *H. venusta*. Eastern Cape

ATLANTIC
OCEAN

南非共和國
SOUTH AFRICA

皇后鎮
Queenstown

伍斯特
Worcester

東索梅塞特
Somerset East

東倫敦
East London

格拉罕鎮
Grahamstown

斯瓦特山脈
Swartberg Mountains

奧茨胡恩
Oudtshoorn

Great Karoo
大卡魯

伊莉莎白港
Port Elizabeth

開普敦
Cape Town

Little Karoo
小卡魯

喬治
George

蘭伯格山脈
Langberg Mountains

INDEAN OCEAN

由於生長於灌木叢下或岩縫間這些不顯眼之處，加上群落小、群落之間距離遠、群落數量少、以及極少孤立個體等等原因，即使在產地，十二卷屬也是很難見到的多肉植物。

一般的多肉植物旅行團能看到的大多是五重塔（H.viscosa）或寶草（H. cymbiformis），在產地連極為普通的品種壽寶殿（H. retusa）都看不到。

以往發現的十二卷屬，很多都是只出現在都市（上圖）或道路的旁邊，因此推測還有很多品種尚未被發現。

十二卷屬是喜好陰影的陰性植物，在多肉植物中算是例外。十二卷屬在原生地是生長在日光無法直射的地方，若生長的灌木叢枯萎了，使十二卷屬直接照射到陽光，便也會跟著枯萎，若要在遠離原生地之處，享受培育十二卷屬的樂趣，這一點非常重要。詳細情形會在P21～（十二卷屬的培育方法）說明。

玉露的產地，格拉罕鎮的郊外。Locality of *H.obtusa*. Grahamstown

上）*H. harryi* Uniondalepoort. 與此同類的窗都非常透明。（下）*H. bayeri* '白鳥網紋壽' Uniondale. 網紋完美的原始種。

日 本 的 十 二 卷 屬

十二卷屬是在明治時代來到日本，在可確認的資料中，最古老的是明治38年（1905年）的'龍爪'（*H. subfasciata*），翌年明治39年'厚葉寶草'（*H. cuspidata*）進入日本。

到了1980年代後半，從產地進口大量十二卷屬，並開始選拔育種，特別是對玉扇、萬象與網紋壽（貝葉壽的相似種）等等花紋美麗的個體進行選育。之後將這些優良個體雜交實生，選育出更優良的個體，這樣的育種方式也變得正統化；進入西元2000年後，日本的栽培家陸續發表出令世界驚豔的優良個體。

在日本，從江戶時代以前，就有欣賞萬年青或萬年松等等植物葉片的紋理或斑點以及變化（葉藝）的獨特園藝文化；到了明治年間，這些古典園藝逐漸式微，不過欣賞葉片紋理與變化的感性，表現出日本文化中的纖細美感，至今仍繼往開來流傳下來。盆栽、日式庭園、插花、金魚或錦鯉、日本畫、陶瓷，甚至是和食，都傳承了這份美感。

很多園藝也將存在於這些日本文化底蘊的纖細美感發揚光大，日本的十二卷屬就是其中一例。十二卷屬的園藝，可謂以欣賞萬年青或萬年松等葉片紋理的古典園藝為材料，加以變化並以現代的方式呈現出來。

基於如此的文化背景，日本的十二卷屬園藝才能跨越遠離原生地的障礙，發展為世界的先驅，在育種方面，更是以壓倒性的強勢自豪，令他國望塵莫及。

銀河系白銀壽
Pixa Ginga Group

玉扇
H. truncate

受歡迎的理由・美麗的祕密

　　雖然十二卷屬受到全世界喜愛，不過那是在以日本為中心，進行育種所培育出來的園藝品種後才有的現象，受喜愛的理由，無疑就是形態之美與多樣性。

　　葉片表面的毛狀或乳頭狀突起、結節或斑紋，這些附屬物的多樣性，十二卷屬大概是所有植物中最多的。白色、紅色或其他顏色的結節；有各種大小的鋸齒（其中還有不只葉緣，連葉片表面全都長滿纖毛的品種）；斑紋的表現方式；格狀或其他各種形狀的窗；窗表面有變化多端的色彩、不同形狀的斑點或肉芽；乳頭狀突起；折線狀、網目狀或弧線花紋等等的線條花紋……諸如此類，多樣性不勝枚舉。

　　除此之外，葉片的顏色（底色）也非清一色都是綠色，從白綠色到美麗的藍綠色，連灰白色都有，有些品種的葉片整體都是這些顏色的半透明狀。而且還有葉片整體為暗色系，且帶有紅色、紫色或黃色，或是幾乎為全黑的品種。

　　這些葉片的表面附屬物與顏色的組合，創造出極為多彩多姿的花紋，其中還有每一片葉子花紋都富於變化的品種群（玉扇、萬象、網紋壽），那些引人玩味的變化，就是十二卷屬受到喜愛的重要因素。

　　另外，許多十二卷屬的葉片尖端稱為窗的透明部分，照到光線會閃閃發光，或是窗的表面會浮現花紋，因此更帶來美麗的印象。也由於這些原因，玉露類不僅窗的部分特別大，還加上外觀可愛以及容易栽種這些優點，非常受到女性與多肉植物愛好者的喜愛。

　　另一方面，玉扇或萬象之中，因為受到愛好者熱烈喜愛，甚至還有單株的買賣價格就超過百萬日圓的品種。

萬象 '羽衣'
H. maughanii 'Hagoromo'

玉露錦 '白蛇傳'
Obto Nishiki 'Hakujaden'

與外觀相似的番杏科之間的差異

有肉錐花屬與生石花屬的番杏科，是廣為人知的葉片肥厚的種類。
乍看之下很像十二卷屬，卻是完全無關的植物。

肉錐花屬與生石花屬等等番杏科植物，柔軟厚實的肉質葉片外形令人印象深刻，不僅外觀與十二卷屬相似，也和十二卷屬一樣擁有窗這項特徵。番杏科植物體大部分潛入土中，只有葉片尖端部分露出地表，並從窗吸收光源進行光合作用，這些特點都和十二卷屬相近。

此外，番杏科的主要原生地在南非（也有一部分原生自澳洲等地），這一點也很像。

現在十二卷屬的分類位置雖然還在混亂的過渡期，但將來不管是以何種理論固定分類，十二卷屬都不會和番杏科歸在同一個種群裡。

首先，二者的花朵形狀截然不同。此外，番杏科是喜好強烈日照的陽性植物，栽種時完全不能遮光；就算生長在岩縫間，也會是一天之中能長時間直射陽光的地方。

還有，番杏科的葉片幾乎沒有附屬物（突起、結節、斑紋），番杏科的窗上面看起來像是花紋的東西不是附屬物，而是表皮的縫隙。

番杏科的窗很小，不會像P33介紹的十二卷屬的窗，就算照到光也不會發亮。當然，像玉露類一樣可以透過窗看到另一側的品種，也不會是番杏科的植物。

原生的番杏科。生長於南非。

沐浴在強烈日照下，原生地的生石花。

十二卷屬 的培育方法

栽 培 環 境

要完善地栽培植物，了解該植物原生地的環境是方法之一。
從 P12 所介紹的南非地理環境，可得知下面這些重點。

日 照

十二卷屬是陰性植物，因此種在終日受陽光直射的環境會長不好。若種在日本本州，大致上夏季必須遮擋70～80％的陽光，冬季也要遮擋40～50％。說到要如何簡單地維持遮光狀態，若是在室內，陽光透過窗邊的蕾絲窗簾照進來的場所就很適合。如果室內很明亮（非陰暗場所），也可以種在陽光照不到的窗邊或室內的桌上等等地方。

話雖如此，種在室內也可能會因為光線不足而徒長，因此建議要使用照度計，測量看看確認明亮度。光線不足時，請用螢光燈（普通的即可）補足。

另一方面，在陽光直射的環境，要使用寒冷紗之類的遮光材料，哪一種都可以，不過如果是有格紋花樣，或粗織部分與密織部分交錯的樣式，由於可使照射下來的日光強弱交替，比起網目均等的紗網，較能讓十二卷屬長得飽滿，也可抑制徒長。

透過蕾絲窗簾的陽光最佳。

[日照良好] 種苗的每一片葉子都很短，且緊密生長

[日照不足] 日照不足，葉子會往上徒長

■ 十二卷屬適合的亮度基準（lx〈勒克斯〉）

玉露系、毛葉系、網紋壽	6,000 lx ～ （若根部充分展開，可到10,000 lx）
白銀壽、美豔壽	8,000 ～ 10,000 lx
玉扇系、萬象系、康平壽、硬葉系	12,000 lx

※通常明亮的室內是4,000 lx。（ 照度計價格為1000日圓起 ）

空氣濕度

栽種十二卷屬時必須注意的另一個重點，就是如何維持空氣的濕度。

空氣中的濕度如果不夠，十二卷屬就無法長得飽滿漂亮。如同P14～的說明，原生地南非南部是地中海型氣候，會產生大量的露水與霧氣，因此空氣濕度可以保持很高。

若要像專家一樣栽種十二卷屬，空氣濕度就必須很高。溫室可以維持相當的濕度，但室內環境容易變得乾燥，此時可以罩上盆子保持濕度，也可用附蓋子的透明塑膠盆栽盒，以保持濕度；不過，將植物放在那種容器裡的時候，如果日照很強，溫度會過高，植物有被蒸死的危險，要非常留意後面所要介紹的溫度管理。

偶爾用噴瓶噴水，
便可簡單地保持濕度。

通 風

雖然保持高度的空氣濕度很重要，但如此一來就容易發霉，也有產生軟腐病等等的疑慮，為了防止這些問題發生，就要注意通風。在像溫室的環境中，設置風扇是很有效的方法，不過，若風向是固定的，風吹的地方會太乾，請用「旋轉式」的風扇；若使用盆栽盒，要偶爾拿下蓋子吹吹風。

溫 度

栽種十二卷屬的適當溫度，大約是5～40℃，冬季需要特別注意，只要沒結凍就能度過冬天，若在2℃以下就會凍傷，因此至少要保持在3℃為佳。在我們活動的時段，居住空間會因暖氣而保持在舒適的溫度，所以要注意的是外出或睡覺等等關掉暖氣的時候。

另一方面，雖然十二卷屬在夏季可耐熱到45℃，但基本上40℃以下為佳。最近日本的氣溫變化多端，有些地方有時最高溫會超過40℃。白天密閉的房間、日照強的陽台、車內等處，有時溫度會高得出乎意料，要多加注意。

此外，溫度管理不須隨著種苗長大而改變。

日 常 管 理

十二卷屬在管理上不需要特別花心思。
只要記住基本做法，種起來就會很輕鬆。

澆 水

花盆表面乾了之後過幾天再澆水，這是基本做法。給予的水量要比其他多肉植物或仙人掌多，雖然土的種類或花盆大小也有影響，不過春秋兩季時，大致上在本州（日本）只要每週澆一次，水量要多到會流出盆底的程度。

盛夏時十二卷屬會休眠，因此要減少澆水的頻率和水量。然而若強硬切斷水源，秋季會成長緩慢，因此請在盆底維持適當的濕度。

冬季只要保持在5℃以上就會生長，因此按照基本做法，等表面乾了過幾天再澆水。不過，冬季土表不容易乾，所以大約10天～2週澆一次就好。

肥 料

十二卷屬與其他多肉植物相同，適度施肥可以長得更好，不過將慢慢釋放效果的緩效性肥料置於盆底是較安全的做法。

只要在換盆換土時順便將肥料置於盆底，就不用追加肥料，相當簡單。但若是購買種苗後想直接在原盆栽種，在沒有施肥的情況下覺得生長緩慢，就要追加肥料。

基本的施肥方式是使用置肥，可將市面上用於追加肥料的化成肥料（大顆粒的緩效性肥料）放置在花盆表土的角落，或稍微挖個洞埋進去。

油粕之類的肥料，有些含氮量高會導致傷根，最好避免使用；基於相同原因，有機肥料也要避免。

此外，施放置肥之後的澆水方式，按照平常的做法即可。

還有，幾乎所有十二卷屬栽培專家都不用液肥，因為液肥會讓表土長藻類或青苔，或使草體表面長一層白膜，減損美觀度，特別是在濕度高的溫室裡，不只表土，有時連葉片或窗的表面都會長藻類，變成一片綠。

紫肌玉露'抖抖玉露'
Murasaki Obto group 'Dodson Murasaki'

室外栽種

在晝夜氣溫為5～40℃的季節，有很多人會把十二卷屬拿到院子種，這也是個好方法，因為可以確保通風，使植株緊密生長。

在這種時候，要放在屋簷下，或使用遮光材料，以避免直曬日光，這是鐵則。另外，陽台會因為水泥反射，使得有些地方的溫度比氣溫還高，一定要十分注意不要放在高溫的地方。

特別要注意的是，要確保早晚的空氣與土壤的濕度。以日本的氣候來說，6～8月的平均濕度很高，但即使是這段期間，若連續出現不下雨的日子，濕度也常常會低到乾燥如同冬天，若無法維持濕度，就長不出飽滿的葉片。

為了應付這種情況，很多栽培家會準備能放置數個花盆的大型塑膠盒，將十二卷屬放在其中栽種。此時為了保持盆栽底部的濕度，可在底下鋪吸水的墊子或毛氈布。

除了盛夏之外，夜間都要蓋上蓋子；白天若是晴朗天氣，要放在遮光材料下並稍微挪開蓋子；若是陽光微弱或多雲的日子，也一樣要放在遮光材料下，拿掉蓋子，藉以確保通風。

另外，為了讓十二卷屬常保美麗，要避免讓它們淋雨。

《 各季節的注意要點 》
（※為日本季節，請根據臺灣氣候斟酌調整）

春 是最適合栽種的季節，請放置在確保溫度有5～40℃的遮光場所。澆水的頻率以每週一次為基準，土壤表面若變乾了，要等過了幾天再給足夠的水，並參考P23，保持空氣濕度。

夏 7月下旬～8月進入休眠期，要注意加強遮光（70～80%）與通風。澆水時只要到盆底濕濕的程度就夠了，不要澆太多水。要確實做好溫度控管，不要讓栽種場所超過40℃。

秋 經過夏季休眠期，此時再度開始生長。與春季一樣，要注意溫度與遮光，澆水頻率也與春季相同。不過，由於冬季腳步近了，濕度逐漸下降，因此請讓空氣濕度保持在高濕度的狀態。

冬 若將溫度維持在至少5℃以上，就會慢慢生長，不在暖氣房的時候，也要保持在5℃以上。就算稍微不遮光也無妨。由於盆內的水分乾得很慢，澆水頻率以10天～2週澆一次為基準。

換 盆 換 土

雖說十二卷屬的管理很簡單，但若種好幾年都不換盆換土，也很難長得好。
抓準適當的時期換新土，是很重要的。

時　　機

若長時間種在同樣的花盆裡，土壤顆粒會隨著歲月崩解，如此一來，細碎的土會填滿縫隙，使土壤通氣性變差，根部陷入氧氣不足的困境。

要判斷是否到了該換盆換土的時期，標準之一就是當新葉變得比以前的葉片還小的時候，不過這很難看得出來，因此若用一般土種植，大約以2～3年換一次為基準，請事先牢記。

春季或秋季是最適合進行換盆換土的時候，不過若換盆之後，根尚未充分生長就遇上夏季，植株會很脆弱，因此如果要在春季換盆，最晚要在5月中，可以的話最好在4月中之前做完。（※為日本時間）

如果是在秋天，只要最低溫度保持在5℃以上，隨時都可以進行。不過在晚秋～冬季這段時間，幾乎全日本的白天最低溫都會低於5℃，因此要在進入那段時期的一個月前就先換好。

此外，即使是以改換花盆為主要目的，例如在購買十二卷屬之後想馬上換個花盆栽種，適當的進行時期也同上。

混合土的範例　　栽種十二卷屬時常用的土，是將下面3種混合的盆栽用土。
也有人依喜好調配混合比例，不過以2：2：1為佳。

 ：  ：

赤玉土(中粒)等等	鹿沼土等等	珍珠岩等等
把火山灰堆積形成的紅土乾燥後的土，中粒較好。	火山灰風化後形成的輕石，特色是排水性與保水性都很好。	將礦物以高溫加熱，使之膨脹所形成的白色的土，含有大量空氣。

適合的栽培用土

栽培用的土，通常是用左頁下方所介紹的混合土，其他還有園藝店等處所賣的混合土，或可使用（如多肉植物專用土等等）沒有肥料的乾淨土壤。

十二卷屬的根如果無法呼吸就會腐爛，因此要混合輕石或珍珠岩之類不易劣化的土，以確保土中的空氣。由於赤玉土或鹿沼土需要除去細微的塵土，用廚房濾網之類的物品來篩會很方便。

監修者的做法是在土中摻入椰子殼的碎屑〈椰糠（Fujiku社出產）〉，這是將椰子殼削成屑並除去澀性的栽培介質，具高通氣性與吸水性，可讓根充分伸展，而且不容易堵塞，5年內都不須換盆換土。

◇ 也可以使用椰子殼的碎屑 ◇

粗粒　　　　　　　**中粒**

當做缽底石使用。　　當做栽培土使用。

換用椰糠種植一年後，根得到充分伸展。圖中植物為網紋壽。

用起來很方便的土　　除了栽培土，如果還有下面這些土就更好了。
每種土的詳細說明，請見下一頁。

缽底石　　　　　　　　**上砂（化妝石）**　　　　　**細赤玉土（當做上砂使用）**

輕石或黑曜石等等，有提高栽培土　放在栽培土上面，讓盆栽好看，並　用噴霧器噴水就能簡單保留濕度。
的通氣性與排水性的功用。　　　　防止乾燥。

缽底石・上砂

要有良好的排水性，就必須要有放在花盆底部的赤玉土（粗粒）或輕石這種缽底石。

而且要在栽培土的表面鋪上砂（也稱為化妝石），不只是為了讓植物外觀好看，也可以防止苔蘚或黴菌，一舉兩得。只要用自己喜歡的就行了，不過十二卷屬的栽培專家會用具有防止根部腐爛的沸石，或有促進發根作用的微細赤玉土（細粒），也有人使用不易乾燥的桐生砂。

除此之外，赤玉土（細粒）中含有微量的肥料，有時換盆換土之後，很快就會因為細菌的作用發生軟腐病，在赤玉土中混入規定分量的甲基硫菌靈〈Topsin M（日本曹達社）〉，就可以防治軟腐病。

肥　料

十二卷屬的施肥方法，基本上是在盆底放置魔肥〈Magamp（HYPONeX JAPAN）〉之類、會慢慢發揮效果的緩效性肥料。

若將肥料混在土中會容易生病，因此在植株習慣之前都不要在土裡施肥，而是把肥料放在盆底較好。此外，牛糞或腐葉土之類的有機肥料有時沒有完熟，換盆換土之後根會腐爛或長不大，要避免經常使用。

另外，雖然很少害蟲但還是會有，由於根會往肥料的所在之處充分生長，那裡也容易長害蟲，因此施肥時要在肥料中混入殺蟲劑。

在殺蟲劑方面，推薦對介殼蟲類很有效果的浸透移行性殺蟲劑〈Orthoran DX（住友化學園藝社）〉、〈Arubarin粒劑（三井化學Aguro社）〉等等。

可使用的花盆與避免使用的花盆

栽種十二卷屬不需要準備特別的花盆。
以3～4號花盆為主，用個自己喜歡的花盆吧！

A盆
粗陶花盆、瓷花盆、塑膠花盆……大多數的花盆都可以使用，沒有問題。如果用的是以前曾經種過其他植物的花盆，要徹底洗乾淨之後再種十二卷屬，這點很重要。

B盆

塑膠盆

樂缽
底部的洞很大，土乾得快，適合熟悉特性的人。

素燒花盆
即使澆水也很快就會變乾，因此只有素燒花盆要避免使用。

順帶說明，監修者使用的肥料是魔肥〈Magamp〉，殺蟲劑是〈Arubarin粒劑〉，混合後放入黑土中。放置的重點，是放入少量缽底石，以栽培土掩埋後，將肥料放置在花盆兩側，正中央空下來當做水的通道（→P31）。

下方的葉片因軟腐病而變色的十二卷屬。若放著不管，即使是大植株也只要2～3天就會整株腐爛。

進行換盆換土作業時

進行換盆換土時，若有下面照片中的工具會很輕鬆，要先提前準備好。也會分別介紹使用混合土或椰糠時的做法，不管用哪一種，都是先從把要換盆的植株由花盆中取出來開始。不是從花盆側邊挖下去，而是從上方敲打花盆邊緣，就可以連根帶土取出來。

若有舊土、爛根或害蟲附著，要小心去除，把根部整理乾淨。

必備工具 換盆換土時，要事先準備好下列工具。

上砂
澆水器
替換的花盆
缽底石
噴霧瓶
花盆底網
混合土
加土專用鏟
要換盆的十二卷屬
免洗筷
鑷子

十 二 卷 屬 的 培 育 方 法

[用 土 進 行 換 盆 換 土]

用可在園藝店或百圓商店輕鬆購入的栽培土進行換盆換土的步驟。
參考 P24，先將土混合好。

準備》由上方輕輕敲打種
植十二卷屬的花盆外圍，
或稍微擠壓花盆上部（適
用於塑膠盆），鬆開土之
後再開始。

1 將植株連土一同取出。

2 使用免洗筷之類的工具，刮除所有的土。

3 使用鑷子，摘除老根或下面枯萎的葉片。

4 仔細將根部整理好。

5 在花盆底部放入防蟲網，再放入缽底石，量約到花盆深度的1/4。

6 倒入混合土。

7 安置好十二卷屬的根，再一點一點倒土進去。

8 用免洗筷之類的工具輕輕壓進去，以避免根與土之間產生空隙。

9 把上砂鋪在表面。

10 充分澆水，直到水從底孔流出來。

注意 如果根有大傷口，要在傷口上塗抹殺菌劑（→P32），等稍微乾了一點之後再種下去。

[用椰糠進行換盆換土]

這是日本十二卷屬協會推薦的方法。
重點和用一般土相同，也是從整理根部開始。

準備》先準備好粗粒與細粒的椰殼屑、上砂（混合殺菌劑的細赤玉土）、還有混合了肥料與殺蟲劑的黑土。

1　將粗粒的椰殼屑（椰糠）放入花盆中。

2　放入細粒的椰殼屑，用加土鏟壓實。

3　加入上砂，填滿縫隙。

4　從兩邊放入黑土，不要蓋到中央。

5　放入細粒的椰殼屑，讓十二卷屬的根架在上面。

6　用兩根手指把椰殼屑壓實，也在根露出的部分重覆進行相同步驟。

7　放入上砂就完成了。要澆上大量的水。

注意　如果根有大傷口，要在傷口上塗抹殺菌劑（→P32），等稍微乾了一點之後再種下去。

《 換盆換土之後的注意事項 》

　　馬上就要澆大量的水。作業時若傷到莖，可以在換盆換土的同時進行分株（→P98）或分頭（→P101）；即使莖有大傷口，只要在傷口上塗抹殺菌劑（→P32），而且栽種時將傷口曝露在空氣中，澆水時就不會有問題。

　　此外，換盆換土之後1～2週內，要放置在可特別遮擋光線的陰暗場所，並勤於澆水以免太乾。大約從換盆換土的第二天起，就會開始長根，只要輕輕用手搖植株，就可以知道根有沒有長好。如果根長得很好，就算搖它也不會晃動的話，為了避免葉片徒長，就要移動到平時的遮光場所。

病 蟲 害 的 對 策

栽種十二卷屬時，不需要在病蟲害對策上變得神經質，雖然偶爾會長介殼蟲或綿蟲（一種粉介殼蟲），但只要用家庭用的噴霧式殺蟲劑就能撲滅。另外，用牙刷等物品（不會傷到植物的東西）刷掉，或是灑藥（觀葉植物用，或是花卉類用）會更有效，重點是要盡早採取對策。

還有，溫度一旦變得熱又乾燥，有時會出現紅蜘蛛，當葉片的顏色變成褐色，或出現薄薄的疤，可能就是紅蜘蛛的危害，一樣要用殺蟲劑撲滅，澆水時將整株植物（葉背也要）都澆到也可以預防。

除此之外，梅雨季時可能會出現薊馬（跳仔），薊馬會附在花上，使植物產生花苞沒有精神、不會正常開花的症狀。除了殺蟲劑，藍色或黃色的黏蟲紙也很有效。黏蟲紙是藉由害蟲喜歡並會靠近藍色與黃色，因而在表面施加黏著劑的

殺菌劑與殺蟲劑

紙板，黃色對付的害蟲範圍較廣，藍色則是對薊馬特別有效，只要事先將黏蟲紙立在花盆的一端即可。

〈Benika X Fine Spray（住友化學園藝社）〉對防治這些病蟲害都很有效果。選擇其他殺蟲劑時，請一定要閱讀說明，確認適用的害蟲種類。

病 毒 · 細 菌 的 對 策

進行分株（→P98）、插葉（→P99）、扦插（→P100）、分頭（→P101）的作業時，或剪花穗時使用的剪刀、園藝剪刀、鑷子等工具都要事先殺菌，這點很重要。簡單的殺菌方法，是泡在熱水中或用打火機燒；要更確實一些，可以用預防病毒的專用藥劑或是〈廚房漂白水（花王）〉，以10～20倍稀釋後浸泡約2分鐘。酒精對植物病毒無效。

此外，莖或根受傷時，或是要修剪時，要將〈Topsin M〉之類的殺菌劑，或殺菌劑與〈Luton（住友化學園藝）〉等等發根促進劑各取一半混合，把混合後的粉末塗抹在傷口或切口上。

透過光照的欣賞方法

十二卷屬中，有以特別透明的窗為特徵的品種。
透過光去看，一定可以看到不同於平日的風貌。

十二卷屬最大的特徵，就是葉片尖端透明的窗——特別是玉露類擁有又大又透明的窗，甚至可以透過去看到窗的另一邊。當朝陽或夕日等等強光從旁邊照射過來，這窗就會閃閃發光，十分美麗。而且一部分葉背有透明斑紋的毛葉類（斑紋系）也會浮現出花紋，精巧又漂亮。

特別是紅色的十二卷屬，會在夕陽的光芒中強調出它的色彩，極為優美。即使沒有光照，這些植物只要放在窗邊，就能強調出葉尖的窗或斑紋，襯托出它們的魅力。

'玉水晶康平壽'
'Tama Suishō Compto'

'磷灰石'
H. indica 'Apatite'

'水晶紫'
'Suishō Murasaki'

享受混種的樂趣

要增加欣賞十二卷屬的方式，
與其他品種混種也是一個好做法。

在十二卷屬這個屬之下，包含各種
多樣形態的品種，將這些品種組合起
來，就能欣賞美麗的混種盆栽。

當然，也可以和十二卷屬以外的植
物一起混種，但若與仙人掌或其他多肉
植物搭配，遮光條件的差異會很大，要
多加注意。如果栽種時以仙人掌與其他
多肉植物為中心，十二卷屬就會長不
好；相反地，如果以十二卷屬為中心，
仙人掌與其他多肉植物就會徒長。就算
是如'十二之卷'（*H. attenuata*）等等
非常強健的十二卷屬，和仙人掌一起種
也很難發育。

● 下面列出的是適合混種，生命力強且色彩漂
　亮的十二卷屬。

- Cana（*H. cana*）
- Rosea（*H. rosea*）
- 紅水晶玉露（*H. leightonii*）
- 紫繪卷（*H. 'Murasaki Emaki'*）
- 紫肌玉露（*H. vista*）
- 毛牡丹（*H. gigas*）
- 曲水（*H. aranea*）
- 貝拉（*H. bella*）
- 樹冰之精（*H. villosa*）
- Caerulea（*H. caerulea*）
- 美絲（*H. cummingii*）

[步驟]

1 在容器中放入缽底石，
加入混合土。

2 把十二卷屬放進去看看，
決定擺放位置。

3 照決定的位置，
先從大株的種起。

4 全部種好之後，
全面倒入混合土。

5 若有必要，可放入裝飾石等物
裝飾土的表面。完成。

An Illustrated Guide to Haworthia

十二卷屬 圖鑑

標記植物名時， 原則上會在品種名的前後標示單引號（' '），
不過本圖鑑（P36-95）省略此記號。

[Obto Group]
玉露系

這個種群有許多植株擁有又大又透明的窗，在室內也不太會徒長，外形會長得很好。
本書也會把草玉露系放在這個種群中介紹。

Obstar A

玉露系是園藝上對 *H. obtusa* 相似種的稱呼，原生地是有一大片灌木混雜、寬闊草原的東開普省，各地都有許多不同的品種，大多都是葉尖為鈍頭（obtuse），葉片為青綠色。這裡也包含便宜的近親草玉露系（*H. cymbiformis* 的同類），草玉露系的特徵是葉片顏色為黃綠色。不只葉片顏色，玉露系的特徵還有葉尖的窗更大，窗中的葉脈延伸到尖端，而且彼此平行不相連。

兩個種群都強健又長得快，而且草玉露系還特別會長側芽。顏色會隨季節的不同產生大幅度變化，也是玉露的魅力之一，像是很受喜愛的紫肌玉露等品種，到了夏季會變成漂亮的紫色。此外，與紅玉露的雜交品種常會出現漂亮的紅～紫色，到了夏季顏色會變得更加豔麗。草玉露系中也有 Rosea 這種會長出美麗色澤的品種。

玉露系很受女性喜愛，特別是紫肌玉露，不僅長著又大又透明的窗，圓形葉尖格外漂亮，還可以擺放在客廳或飯廳等處，就算在室內的微弱光線下也不太會徒長，外形會長得很好看，這些都是受喜愛的重要原因。不過，草玉露系放在室內很可能會徒長。

此外，栽種十二卷屬時，不須因栽種的種群不同而更換肥料，都用同一種肥料也沒有問題。

《 Acute Obto 》

尖 頭 玉 露

葉片前端呈尖形的中型玉露。
這是園藝上的區分，各品種在生物分類系統上沒有關連。

水晶玉露
Suishō Obto
魅力在於深青綠色葉片與高透明感，以及宛如水晶一般
的尖三角窗，是很受歡迎的品種，獲得日本十二卷屬大
賽2015金獎。大小會長到充滿3號花盆的程度。

針管玉露
H. davidii
深綠色的葉片上長了灰綠色毛玻璃狀的細長三角窗，葉
片比水晶玉露細長，株莖卻更大。種名來自於人名，因
此也稱為大衛玉露。

村雨
Murasame
暗淡的灰綠色葉片上長了灰白色三角窗的品種，形態相
似的個體有好幾個，村雨通常當成種群的名稱。

歐珀
Opal
玉露類的窗中有時會出現彷彿歐珀的白色圓形，這株個
體出現的頻率特別高，幾乎出現許多像大型歐珀玉石的
圓形圖案。

《 Murasaki Obto（*H. vista nom. nud.*）》

紫 肌 玉 露

H. obtusa 的近似種，富光澤的葉片帶著柴暗綠色，葉尖呈圓形，沒有細刺，也幾乎沒有鋸齒。

抖抖玉露
Dodson Murasaki
除了OB-1之外，還有許多不同的名稱廣為流通，不過大同小異。類似的實生苗也很多，因此成為種群的名稱。很多會在夏季變成漂亮的紫色（參照P92紅色·紫色）。

薄紫
Usu Murasaki
很像抖抖玉露，不過色彩沒有抖抖玉露強，呈淡紫色。會長大到直徑8cm的程度，不過由於很會長側芽，要塑造出漂亮的外形，就必須適時摘除側芽。

戀紫
Koi Murasaki
顏色比抖抖玉露深，外側葉片即使到了冬天也帶紫色。窗的透明感也更強，葉尖雖是圓形無毛，但有一點尖。具有各種名稱，如金子特黑、K氏大型等等，但都是同一品種。

Obster A
紫肌玉露與毛玉露的雜交選育品種，葉尖微尖，有短短的細刺，也有細小的鋸齒，類似的雜交實生苗之中為最接近紫肌玉露的品種。

《 Large Murasaki Obto 》

大型紫肌玉露

紫肌玉露的大型品種。葉尖沒有尖刺、幾乎沒鋸齒的特徵和紫肌玉露一樣，單片葉片的平均寬度在2cm以上，而且株徑還會長大到12cm。

佛頭玉
Buttō-gyoku
完全無毛的圓頭紫肌玉露，葉寬可達2.6cm的大株品種。

藤桃
Fujimomo
一般認為是特丸紫鏡的大型變異株，是有細小鋸齒但幾乎無毛的大型品種，常會帶粉桃色，不過春～夏季會變得更黑。

天涯玉露
Tengai Obto
擁有色彩偏藍豔窗的大型品種。單片葉片不會太大，植株的直徑卻可達12cm。

玉小金
Tama Kogane
很像天涯玉露，但葉片的藍色很淡。與天涯玉露相同，單片葉片不會太大，植株的直徑卻可達12cm。

《 Large Obto 》

大 型 玉 露

特別大型的品種，主要是 *H. imperialis nom. nud.* 以及其改良型。葉肉呈淡綠色，葉片非常粗大，葉片前端尖，且有稍長的細刺與粗鋸齒。

皇帝玉露
Emperor
直徑 12cm 以上，葉片寬幅最大可達3cm的巨型玉露，是非常古老的品種，一般認為是原始種的選育品。

達摩之星
Daruma Star
皇帝玉露的短葉型改良品種。由於是短葉型，葉片間距沒有皇帝玉露大，但鋸齒大且明顯。

月之雫
Tsuki-no-sizuku
皇帝玉露×抖抖玉露。是大小堪比皇帝玉露的巨型玉露，葉尖更圓（波平型）。鋸齒比皇帝玉露與達摩之星小很多且不明顯。

拿破崙
Napoleon
一般認為是特大藍鏡玉露的大型變異株，葉片最大寬幅可達2.5cm。葉片非常短，可培育出良好外形，具有細小的鋸齒。

《 Large Round Obto 》

大型圓頭玉露

在特大型玉露之中，這個種類的葉尖較圓，葉片顏色大多呈現明亮的綠色，有些沒有細刺，就算有也極短，鋸齒也不明顯。

麝香葡萄
Muscat

明亮的綠色葉片宛如麝香葡萄，水潤的圓形葉尖是魅力所在。

玉之露
Tama-no-tsuyu

是月之雫的兄弟，葉片形狀是特短的短葉，葉尖也是圓形。具有短細刺，外觀扁平。

路易
Luigi

一般認為是帝玉露系的實生，在亮綠色上的白色筋狀表皮很引人注目，圓頭且有短細刺（葉尖為波平型）。有些許粗鋸齒。

Big Mock

很像路易，不過葉片是深綠色，也沒有白色筋狀表皮，葉尖更圓，很多植株長大之後細刺就沒了。鋸齒也不明顯，比路易更有清爽的印象。

《 Wild Obto Group 》

原始玉露系

這是葉尖的正反面都有窗的廣義玉露系，幾乎沒有進行育種，有許多極具魅力的美麗品種。這裡稍微介紹一部分。

狄氏玉露
H. joeyae
圓形的葉尖完全無毛，常與玉露類混淆，然而窗的葉脈會長到頂點，且葉脈相互連結，因此是草玉露系的一種。是亮綠色、單頭性強的大型品種。

加賀玉露
H. kagaensis
葉片呈細長棒狀，顏色是明亮的黃綠色，葉尖的窗透明度高，雖是草玉露系，卻是唯一一個窗中葉脈沒有長到葉片尖端的例外種。照片為'兼六園'（大型選育個體）。

印地卡
H. indica nom.nud.
「indica」為「帶紫的綠色」之意。葉尖很尖，擁有透明感非常強的窗，帶紫色的深綠葉脈有畫龍點睛的功用，非常美麗。

磷灰石
Apatite
這是一種藍色寶石的名稱，不是預防蛀牙的氫氧基磷灰石（Hydroxyapatite）。這是從印地卡之中選育出來，透明度特別高的種群，優雅又美麗。

綠鑽石

H. gordoniana

這裡單指在產地Zuurbron所產出的品種，其他產地的
當做其他品種。雖是小型玉露卻是單頭性，有深綠色的
葉片與透明度極高的窗。

碧花玉露

H. calaensis

產地非常遠，可能與 *H. gordoniana* 有關係。是長滿深
綠色黯窗的小型玉露，不過此類型的個體可以長到非常
大，照片中的株徑為9cm。

H. diaphana

如同種小名的意思「透明的」，這個品種有非常透明的
窗。與 *H. indica* 相近。亦培育成葉子前端不太尖的特
優個體，或頭部更鈍的改良品種。

H. albans

與碧花玉露相近，擁有非常透明的深綠～青綠色窗。鋸
齒很多，外觀不太好看，但若從旁打光會非常漂亮。長
大之後就會長出側芽。

43

《 Venusta Group 》

毛 玉 露 系

葉片表面全長了柔軟的纖毛，整體看上去一片雪白的美麗種群。

毛玉露
H. venusta
毛玉露的標準個體。有許多變異形態，如葉片大小、纖
毛多寡與長短、顏色偏白或偏黑等等。

卡雷利亞
Karelia
大型的短葉透明窗上長了一層薄薄的纖毛，是毛玉露的
雜交品種。窗很透明，植株姿態優美，相當漂亮。

寶珠
Hōju
長著粗短的達摩葉的毛玉露，擁有形似寶珠的葉片，是
優良選育出的個體群，比標準群稀少。

黑寶珠
Kuro Hōju
葉片偏黑的寶珠型交配品種。葉片非常短，外形可栽培
得很漂亮。

白銀繪卷
Hakugin Emaki

白銀城×毛玉露。白窗上長了茂密的白色纖毛，非常
美麗。雖然是最早做出的毛玉露雜交品種，卻是一項傑
作。

雫繪卷
Shizuku Emaki

是毛玉露的雜交品種，但完全沒有纖毛，幾乎像玉露一
樣。沉穩的暗灰綠色葉片，襯托著彷彿明亮的毛玻璃似
的灰綠色窗，十分美麗。別名為紫透鏡。

霧之卡雷利亞
Kiri-no-Karelia

卡雷利亞的大型長葉品種，纖毛也更多。

街燈
Machi-no-hi

葉片細窄的葉背長滿濃密又細長的毛，不是短纖毛而是
長毛，因此整體看起來宛如蒙上一層霧。

《Cymbi Group》

草 玉 露 系

玉露系（祖先是青綠色的 *H. lapis*）的葉片顏色是青綠色，草玉露系（祖先是黃綠色的 *H. zantneriana*）是黃綠色，這是兩者基本上的差異。

Rosea
H. rosea nom. nud.
整株都染上暗淡的粉紅色，是中小型的十二卷屬，有各種形態與配色的個體。

Cana
H. cana nom. nud.
是 *H. rosea* 的近親，而且更小。如同種名（灰白色）的意思，呈現漂亮的灰白色，且所有葉片都有些許半透明，十分美麗。其中也有會變成像 *H. rosea* 一樣粉紅色的個體。

櫻貝
Sakuragai
H. compacta（中型草玉露）的一株個體，外側葉片染上鮮艷的粉紅色。十二卷屬的紅～紫色通常都很暗淡，不過這種個體的粉紅色非常鮮艷。

福美人
Fukubijin
常與玉露系混淆，是草玉露系的 *H. rotunda nom. nud* 的一株個體。圓頭且完全無毛，窗也很大，不太會長側芽，但外形可栽培得非常好看。

《 Obtusa related Group 》

其他玉露系

葉尖有透明的窗，是玉露系或草玉露系的相關品種。
嚴格說來，也包括非玉露系和非草玉露系。

櫻水晶
Sakura Suishō
大概是翡翠玉露（H. emeralda）的雜交品種。半透明
的深綠葉片前端，有透明的綠窗。emerald LED似乎
是不同個體，不過幾乎分不出來，可看做同一品種。

蒼天
Aoi Sora
H. caerulea（藍色的）的特徵是淡青綠色的葉片，不
過'蒼天'的葉片是擁有特別的灰白色大透明窗的漂亮
個體群。

卡梅奧
Cameo
岩藍（H. livida）是小型種，但由於葉片上有大型斑紋
窗，因此是很受歡迎的品種。卡梅奧是窗特別大，斑紋
也特別鮮明的個體，簡直就像卡梅奧（浮雕寶石）一樣
美。

白帝城
Hakuteijō
雖是古老的品種，但透明的大結節綴滿葉尖，是非常美
的品種。其他沒有類似的品種，發表時震驚了全世界。

毛 葉 系

即使在原生地，這個種群也是生長在特別陰涼的背陽處。
栽種時須放置在通風涼爽的場所，要特別留意溫度管理。

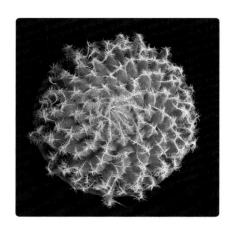

絨毛球
H. odyssei

毛葉系的特徵是葉緣會長出長鋸齒，像魔絲之類鋸齒長得密集的品種，看起來就像一顆毛球，代表品種是毛牡丹（*H. setata*），然而除了setata系（毛牡丹與其近緣種）以外，這裡還囊括了所有鋸齒多的品種，像是曲水系（*H. bolusii*的同類）等等。

相較於玉露系幾乎只生長在東開普省，幾乎所有十二卷屬的生長地都有毛葉系的蹤跡。而且玉露要生長在較為平坦且日照良好的場所，相對於此，毛葉系則偏好生長在背陽側的陡峭岩石區或山地之類較涼爽的環境。

栽種時，也請注意要擺放在通風良好的陰涼環境。此外，雖然在弱光下會長得很緩慢，但在強光下，葉尖容易枯萎變髒。要培育出漂亮的玉扇、萬象、白銀壽類，若環境中的光照太強就會長得不好看，是很重視遮光調節的種群。

除此之外，毛葉系中的*H. agnis*或*H. vitris*等等都美麗又出色，但相對地，也有很多不易栽種的品種。幸好這些可經由組織培養來繁殖，若有自信，也可以來嘗試挑戰栽種。

《 Setata Group 》

Setata 系

※代表種為 Setata 和 Albispina 等等。

白色鋸齒呈直刺狀，依這一點區分為毛狀的毛系（Aranea Group）與纖毛狀的妖精系。

毛牡丹
H. gigas

在 setata 系裡，這是刺長得粗壯的代表品種。白色粗刺排列在葉緣，鋸齒又大又長且為白色的才是良品。

紫晶瓦葦
H. amethysta

是毛曲水（*H. cyanea*）的同類，在強光照射下，呈青綠～灰綠色的葉片會帶紫色。很多個體有粗白刺與葉片邊緣的白色鑲邊，非常漂亮。

千齒山
Senbayama（ *H. pectispina* nom.nud.）

H. pectispina 是 *H. albispina* 的同類，鋸齒整齊排列宛如梳子梳齒的美麗品種，而千齒山更是刺特別長又排列得漂亮的優良個體。

芭蕾舞孃
Ballerina（ *H. vitris* ）

H. vitris 是 *H. albispina* 的同類，但開的是黑花，花期也完全不同。擁有玻璃質地的白色長刺，葉面寬且有白色飾邊，十分漂亮出色，可是很難種。

《 Aranea Group 》

曲　水　系

鋸齒呈柔軟的毛狀，長得像一顆毛球。曲水或翁草是小型十二卷屬，鋼絲球和絨毛球則是非常大型的十二卷屬，直徑足足超過10cm。

曲水之泉
H. aranea
產地在Moerasrivier西部。密集地長出細小的鋸齒，變得像一顆針球。也有很多個體會像照片中的一樣，長成一顆完美的球狀。

鋼絲球
H. candida
極為雪白的長刺十分美麗，這是大型十二卷屬，在產地有很多直徑超過12cm的個體，但人工栽培的不會長那麼大。

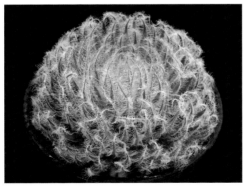

絨毛球
H. odyssei
柔軟的長毛包覆全株，是魔絲的同類，但體型大得多，直徑可超過10cm。

翁草
Okinagusa（*H. odetteae*）
在魔絲（*H. odetteae*）之中，這是葉背全長了纖毛的特異個體。由於毛多，整株會變成一顆漂亮的白色毛球。

《 Yōsei Group 》

妖 精 系

由白色的纖毛或軟毛包覆植株的園藝種群。
有很多不同的系統。

風之妖精
Kaze-no-yōsei (*H. villosa*)

樹冰之精（*H. villosa*）中有小型葉背長纖毛的個體與
大型無纖毛的個體，不過花期不重疊。風之妖精是大型
有纖毛的特異個體，花期與前述二者重疊。

水之妖精
Mizu-no-yōsei (*H. cummingii*)

這是大型單頭性的美絲（*H. cummingii*），會成長到直
徑12cm，不過有時也會分頭。青白的水藍色窗相互交
疊，相當漂亮。

白色妖精
Shiroi yōsei (*H. bella*)

貝拉（*H. bella*）是擁有綠色透明窗與白色纖毛的美麗
品種，但有許多很會長側芽的小型個體。白色妖精是
葉片白皙的美麗個體，幾乎不長側芽，可成長至直徑
10cm左右。

雪精
Yuki-no-sei (*H. bella*)

這是由擁有綠色大窗的青色妖精與白色葉片的白色妖精
的實生之中選育出來的，不太會長側芽，會長得很大，
窗也十分大且優美。

《 Wild Lace Group 》

原 始 毛 葉 系

※代表種為Decipiens和Ciliata等等。

這裡的原始毛葉系，是把所有鋸齒長且明顯的原始種都總括在內，在分類學上屬於許多不同的種群。

Rooibergensis
H. rooibergensis
一般認為這不是setata系，而是樹冰之精（*H. villo-sa*）的系統。軟葉上長著細細的鋸齒，是擁有大窗的美麗中小型品種。也有更大型的同類。

水晶
H. crystallina
是Rooibergensis的同類，但鋸齒小，葉片也硬得多，窗的折射率也高，一般認為是受到*H. heroldia nom. nud.*系統品種的遺傳影響。

椰果
Nata de Coco
似乎與水晶極為近緣，不過還不清楚是否為不同品種。是幾乎沒有鋸齒，葉片比水晶寬，窗也既大又透明優美的品種。

古代紫
Kodai Murasaki（*H. purpurea nom. nud.*）
H. purpurea.是青金石（*H. lapis*）的同類，是時常呈現濃郁紫色的小型種。古代紫是窗特別大且透明的選育個體。

Virginea

H. virginea nom. nud.

一般認為是紫晶瓦葦與曲水牡丹（*H. decipiens*）的折衷形態，是葉片有純白硬刺與白色鑲邊的超美品種，不太容易栽種。

明桑

H. violacea

克拉多克（Cradock）南部的紫肌玉露（*H. vittata*，*H. blackbeardiana* 的先行名）的同類。染上淡紫色的葉片，與帶有些許玻璃質地的白刺相互映襯。

Latispina

H. latispina nom. nud.

曲水牡丹（*H. decipiens*）的同類，不過鋸齒非針狀，葉片寬且扁平，像捕蠅草。

仙女

Sylphid（*H. rava*）

H. rava 被視為是 *H. ciliate* 等等的同類，灰綠色的軟質葉片上長了細緻的鋸齒。仙女的灰色調很重，是銀灰色的美麗特優個體。

《 Madara Group 》

斑 紋 系

斑紋系是葉片上有白或透明斑紋花樣的種群，
也是分類學上相當繁雜的一個種群。

※代表品種為Lupula與Pallida等等。

海潮之聲
Shiozai（ H. limbata ）
H. limbata是葉片上有透明大斑紋的品種。海潮之聲是
斑紋多且像窗的特異個體。

夕照餘暉
Zanshō（ H. nortieri ）
黃花十二卷屬（H. nortieri）的葉片上有許多斑紋，然
而夕照餘暉的斑紋又特別多，形成有紅格花紋的窗，在
夕陽下會閃耀紅色光芒，十分美麗。

魔女之星
Majo-no-hoshi
這是親種不明的雜交品種，在窗上有著紅色細格花紋的
美麗品種，類似的個體還有許多。

冰河
Glacia（ H. limbata hybrid ）
H. limbata的雜交品種。是窗上有大斑紋的美麗品種，
葉片會隨著成長而變長。這也有好幾個類似的兄弟品
種。

綾目
Ayame (*H. marmorata*)

大理石瓦葦（*H. marmorata*）的葉片質地微硬，是山地瓦葦（*H. marumiana*）近緣的小型品種。綾目是葉片的格子花紋特別鮮明的美麗個體。

紫毛氈
Murasaki Mōsen (*H. ciliata*)

H. ciliata 是軟葉上長著纖毛的美麗小型種，而紫毛氈的窗特別大，葉片有一半以上都是窗。春～夏時外側的葉片會染成紫色。

星星王子
Hoshi-no-ōji

這不是狼谷瓦葦（*H. lupula*），可能是姬綾錦（*H. pallida*）的一型或新品種，葉片背面布滿了大片斑紋。雖然還有幾個別名像是 Nishi Form 之類的個體，不過都大同小異。

樹冰
Juhyō (*H. bolusii hybrid*)

美麗的青綠色寬葉片上有軟毛狀的鋸齒，葉尖的格狀斑紋很漂亮，外型非常大且結實。

壽　系

這是在十二卷屬園藝領域中占有中心位置的種群之一。每一株個體的葉片窗上的肉芽、結節、斑紋、線狀花紋等等都截然不同，具有極為豐富多彩的魅力。

織江之歌（網紋壽）
H. laeta

壽系是只有葉片上方才有窗的品種，僅生長於西開普省，喜好日照良好的緩坡。

因種類的不同，壽系的窗會長肉芽之類的附屬物，或有結節、斑紋、線狀花紋等等，每株個體的變化都截然不同，非常多彩多姿。

因此有許多品種在園藝方面廣受好評，在園藝領域中，與玉露系、玉扇、萬象同為占有中心位置的十二卷屬。在園藝上，大致分為三種類別：①觀賞毛或突起物的銀雷類或微米類；②主要以觀賞白斑紋或雲為主的美豔壽、Sanekatai 與皮克薩類；③觀賞窗的線狀花紋的 Rexa 類與網紋壽、康平壽、史卜壽等等。

栽培方面，大抵適合在一萬 lx（勒克斯）以上的強光之下，不過③的網紋壽要在 8000lx 以下、史卜壽要在 6000lx 以下，若不遮光就無法長得好看。這兩種壽系也長得非常慢，不過窗的花紋變化也是全十二卷屬之中，與玉扇和萬象類一樣差異甚大，是充滿魅力的種群。

以往壽系之中最受喜愛的是皮克薩類，不過窗更加豔麗的美豔壽類，預測今後受歡迎的程度會大為增加。

《 Rexa group 》

Ｒ ｅ ｘ ａ 系

Rexa系是園藝上對狹義壽類的稱呼，由於園藝上不使用拉丁名（Retusa），因此造了新詞，是窗不透明且平坦，沒有肉芽或結節的種群。

新綠山
Shinryokuzan (*H. retusa* hybrid)
超大型的壽系，窗上有美麗的網紋。推測是康平壽×壽寶殿，不過窗沒有光澤，也不具透明感，因此被看作Rexa系而非康平壽（系）。長得快，栽種容易。

紋壽
Monju (*H. retusa* hybrid)
這株中型壽系，窗上有綠色粗線與奇異的圓斑花紋，若當成雜交的親株，就會出現很有趣的品種。

黑瞳
Kuroi Hitomi (*H. retusa* hybrid)
全株都非常地黑，窗為半透明且有光澤。雖是大型品種，但生長速度不見得快。

印加玫瑰
Inca Rose (*H. splendens* hybrid)
底色為紅褐色的窗上，有很粗的白色花紋，是相當優秀的品種，為銀黼×御津姬的選育個體。

《 Sanekatai Group 》

Sanekatai

H. sanekatai nom. nud以及其雜交品種群。
窗上有白雲花紋是此種群的特徵。

銀龜
Silvania (*H. sanekatai* hybrid)
這是大型壽，長大之後，雲狀花紋會布滿整片窗，綠色
葉脈浮現其上，非常漂亮。種苗不會出現白雲。

Drew White
(Group) (*H. sanekatai*)
這是中小型的個體群，會出現白雲，且葉脈也又白又
粗。也可將雪白之窗（White Window）看作此種群的
個體之一，不過成品沒有照片那麼白。

隆巴德
Lombard (*H. sanekatai* hybrid)
兄弟之中的特優個體會命名為隆巴德之星（Lombard
Star），隆巴德則是其他兄弟個體群。葉片微窄，非常
雪白。

星雲
Nebula (*H. sanekatai* hybrid)
在兄弟之中，特優個體會命名為粉色星雲（Pink Neb-
ula），星雲則是其他兄弟個體群。與隆巴德一樣非常
雪白，不過葉片更圓厚，且帶有粉紅色。

《 Sple Group 1 》

美豔壽 1

美豔壽是 *H. splendens* 的園藝稱呼。葉片上有各種斑紋或結節，然而結節很大，窗也具有光澤，這兩點與皮克薩不同。美豔壽 1 主要是本土型。

銀白之王
Silver King（ *H. splendens var. hansii* ）
圓厚的葉片上，融合的白色結節宛如釉藥一般，是很優秀的個體，但有點難種。

Umber Queen
（ *H. splendens var. ingo* ）
窗上覆蓋了細小的透明結節與深桃紅色的斑紋，上面有深紅褐色的縱線，整體呈現暗褐色（Umber）。圓厚的葉片交疊成半圓形。

貴志
Kishi（ *H. splendens var. hansii* ）
大型且窗大的壽，全株偏紫色，窗上排列著透明的大結節，很漂亮。

愛情
Love（ *H. splendens var. hansii* ）
結節很少，透明的綠色之中有白色粗線紋，是很特殊的個體。窗的透明度高，是很受喜愛的品種。

《 Sple Group 2 》

美豔壽 2

美豔壽2是 *H. splendens var. ingoi* 與 *var. masai*。

泰姬瑪哈
Taj Mahal (*H. splendens var. ingoi*)
融合的白色結節像塗上純白的釉藥，宛如陶瓷器一般，
是白色系美豔壽的最佳傑作。

水仙子
Ondine (*H. splendens var. ingoi*)
水仙子是奧黛莉（Audrey）之中窗色最白的，無光澤
的窗帶著淺淺的紅色。

馬克思紅
Marx Red (*H. splendens var. masai*)
馬賽（ *H. splendens v. masai* ）之中的多數個體都帶
有絕美的金屬光澤，馬克思紅與鮑伯紅（Bob's Red）
並稱，都是紅色系馬賽的代表。

藤娘
Fuji Musume (*H. splendens var. ingoi*)
在奧黛莉之中，窗特別光亮，且斑點為紫藤花色的美麗
品種。

《 Sple Hybrids 》

美豔壽雜交

在美豔壽的雜交品種之中，有許多非常有意思且漂亮的品種。

花葵
Hana Aoi (*H. splendens hybrid*)
雜交親種不明的古老品種，現在仍很受歡迎。窗是偏白的柴褐色花紋，外形很整齊。現為小型的群生型，可能是受到病毒影響，原本更大一些。

蒂芬妮
Tiffany (*H. splendens hybrid*)
中型品種，窗上覆蓋一整片白色～粉紫紅色的突起斑點，加上紅褐色的縱線，精巧又美麗。

柴金城
Shikinjō (*H. splendens hybrid*)
雖是古老的品種，然而每一片葉片上的紫金褐色粗線狀花紋都變化多端，至今仍是極受歡迎的品種。

綠葉
Green Sleeves (*H. splendens hybrid*)
將柴金城回復為美豔壽所雜交出來，是兼具二者優點的絕美品種。在形態上（園藝上）即使當成美豔壽看待也無不可。

《 Pixa 》

皮 克 薩

皮克薩包含以皮克大（*H. picta*）為首的許多品種，每一種在春天都很容易交配，因此很難識別。在園藝上將其全部統整為皮克薩（Pixa）。

白雪公主
Shirayuki-hime（Pixa）
點燃皮克薩風潮的中型優質品種，純白的斑點宛如牡丹雪，非常大又漂亮。

Orion
（Pixa）
是白雪公主的姊妹品種，斑點較厚，是非常大型的品種。

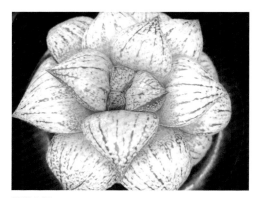

草莓白書
Ichigo Hakusho（Pixa）
是最近的品種，白色斑紋覆蓋在光亮的大型窗上，形成一片純白，葉型也很美，相當出色的傑作。

歌德少女
Gothlori（Pixa）
中型品種，深綠的葉片底色映襯著厚厚的白斑，是對比鮮明的美麗品種。

舞孃
Odoriko (Pixa)
中型品種，很像歌德少女，都有厚白斑點與深綠底色，
不過花紋質地較粗。

星塵
Star Dust (Pixa)
大型，葉片肥厚。特徵在於圓圓地鼓起的窗，這外觀特
質的遺傳性很強。斑點顏色不太白，不過非常適合當做
雜交的親株。

隈取
Kumadori (Pixa (H. tricolor) hybrid)
小型品種，有著細緻白斑的窗上，浮現出既黑且粗的花
紋，產生特異的圖樣。

夢想
Dream (Pixa hybrid)
這是大型的皮克薩雜交品種，大窗上有細細的白斑，以
及為數眾多的鮮明褐色縱線。

《 Corexa Group 》

網　紋　壽

與皮克薩一樣，這是以往稱為克雷克大（H. correcta）的相似種的園藝
名。現在已知記載為克雷克大的植物就是H. picta的相似種。

木星
Jupiter（H. laeta）
以前的「克雷克大（H. correcta）」就是貝葉壽（H.
bayeri），中小型且顏色暗淡，窗線也很單純。木星是
H. laeta，大型、葉片顏色明亮，線狀花紋也既粗又
白，而且複雜。

夜間飛行
Yakan Hikō（H. laeta）
大型壽系，微暗但透明感強的窗上，有鮮明的白色粗線
與白雲的優美品種。

巨人兵
Kyojinhei（H. laeta）
非常大型的壽系，寬度超過4cm的肥厚葉片上，有複
雜的白色粗線花紋的優美品種。

大黑天
Daikokuten（H. laeta ?）
種名不清楚，不過應該是H. laeta。這直徑可達15cm
的巨型壽系，卻有細緻鮮明的網狀花紋。外觀非常扁
平，形狀很好培育。

織江之歌
Orie-no-uta (*H. laeta*)
大型且十分透明的窗上，有鮮明的白色線狀花紋。白雲
不是在窗的表面，而是在內部，因此非常強調透明感，
很美。

梅德爾
Maetel (*H. laeta* hybrid)
一般認為是 *H. laeta* hybrid 與水晶康平壽的雜交品種，
十分透明光亮的玻璃質豔窗上，有鮮明的曲線花紋。

閃電網紋壽
Inazuma Corexa (*H. laeta* hybrid)
一般認為是 *H. laeta* hybrid 與貝葉壽的雜交品種。在
所有十二卷屬之中，此品種窗上的線條花紋最富有變
化。

魔神Z
Majingar Z (*H. laeta* hybrid)
很像閃電網紋壽，不過葉片顏色更明亮，窗的透明感很
高，線狀花紋也更複雜。

65

《 Compto 》

康　平　壽

平坦有光澤，以及具透明感的玻璃質窗，是康平壽的特徵。
通常都是大型壽，而且長得快。

瑪麗蓮
Marilyn（ *H. comptoniana* hybrid ）
玻璃康平壽的實生，深綠葉片上有半透明的窗，窗面平
坦，覆蓋了大片半透明結節。葉尖背面有小小的窗，整
體散發出妖豔的氣氛。

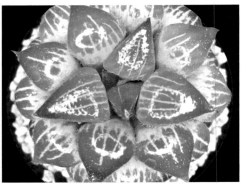

瀞
Toro（ *H. comptoniana* hybrid ）
日本十二卷屬大賽2016年金獎作品。窗的花紋很單
純，但透明窗上閃耀的光芒十分出色，在燈光照明下令
人眩目。

阿房宮
Abōkyū（ *H. comptoniana* hybrid ）
應該是與青壽殿（ *H. fouchei* ）的雜交品種，非常大
型，且成長快速。窗相當透明，上面有鮮明的網狀花
紋。

玻璃康平壽
Glass Compto（ *H. comptoniana* hybrid ）
大型壽，窗為亮綠色，透明得宛如玻璃。花紋是不清晰
的網狀，窗面也有不規則的凹凸。由於是自花結實性，
因此會產生許多實生，瑪麗蓮也是其中之一。

星影
Hoshikage（ *H. comptoniana* hybrid ）
大型的亮綠色透明窗上，有鮮明密集的網狀花紋。外觀
容易培育。

裏般若
Urahannya（ *H. comptoniana* hybrid ）
暗淡的深綠色葉片背面有一大片半透明的背窗。要等到
植株長到一定的大小，葉背才會長出背窗。

潺潺小溪
Seseragi（ *H. comptoniana* hybrid ）
亮綠色的透明窗上，有既粗又鮮明黃綠色網狀花紋。

水晶康平壽
Suishō Compto（ *H. comptoniana* hybrid ）
日本十二卷屬大賽2013年金獎作品。尺寸為中型，透
明感很高，亮綠色的窗上有粗網狀花紋。市面上有No.
101與102兩個複製品種。

《 Spring Group 》

史 卜 壽　　　　這是 *H. springbokvlakensis* 的種群，特徵是葉尖呈圓弧，窗面隆起。

H. springbokvlakensis

這個品種很難栽種，在所有十二卷屬之中，這個品種最
喜歡微弱光線，日照在6000勒克斯以上很難長得好。
褐色粗線與白色橫線交錯，形成網狀花紋。

黑傑克
Black Jack（ *H. springbokvlakensis* hybrid ）
很像原始種，不過褐色縱線更粗且更鮮明，偶爾會有同
色的橫線出現。

王日光
Ō Nikkō（ *H. springbokvlakensis* hybrid ）
與康平壽雜交的品種，是直徑超過15cm的超大型。和
原始種一樣，具有圓弧的葉片與隆起的窗。窗的顏色暗
淡，有不明顯的網狀花紋。

十三夜
Jūsan-ya（ *H. springbokvlakensis* hybrid ）
中型，窗上有既粗又鮮明的網狀花紋，網線為白綠色。
實生會出現非常相似的兄弟種，名字都一樣（十三
夜）。

《 Buddy Group （*H. badia* & hybrids）》

Buddy

葉片質地較硬，擁有高透明感的窗。原始種大多葉尖很尖，觀賞價值低，但雜交品種之中有很優良的品種。

Pinky
（ *H. badia* hybrid ）

與美豔壽（*H. splendens*）的雜交品種。肥厚的葉片上，有帶粉紅色的白雲與同色的縱線。在全十二卷屬之中，這是最漂亮的雜交品種之一。

酒吞童子
Shuten-dōji（ *H. badia* hybrid ）

大型的紅色品種，暗淡的褐綠色窗上有奇妙的白線與白雲。酒吞童子 B 或弁慶品種的葉面沒有白雲，葉片也更細窄。

鋁星
Aluminum Star（ *H. badia* hybrid ）

透明結節整齊排列在帶有粉紅色的窗上，那些結節會反射光線，形成強烈的金屬光澤。

武藏
Musashi（ *H. badia* hybrid ）

葉片是稍微暗淡的褐綠色，窗上有很多同色的半透明結節，看起來很粗糙，不過老成之後結節就會消失。正在培育老成之後結節也不會消失的改良型。

《 Pygma Group（*H. pygmaea* & hybrids）》

銀　雷　壽

這是窗上有乳頭結節（papilla）的種群。乳頭結節在許多狀況下是白色的，但也有的是無色（透明）或與葉片同色。

粉雪
Konayuki（*H. pygmaea*）
中形，乳頭突起十分細緻，宛如絨毛，全株雪白，是非常引人注目的優秀品種。

白磁
Hakuji（*H. pygmaea*）
很像粉雪，不過更大型，葉片也更寬。乳頭突起很短，近似結節，因此窗顯得較綠。

極致白
Super White（*H. pygmaea*）
一般認為是露霜（Tsuyushimo）的培育繁殖品種，但未經確認。雖是小型品種且葉片稍窄，不過窗上覆蓋細小的乳頭突起，極為雪白。

河童之庵
Kappa-no-iori（*H. pygmaea* hybrid）
寬葉的中型品種。窗上全覆蓋了與葉片同色的透明乳頭突起，宛如一顆粗糙的綠球。

《 Wimii Group (*H. wimii* & hybrids) 》

微米壽

這是窗上覆蓋肉芽的種群。肉芽是極粗的短毛，尖端是尖的。
尖端若是圓的就是乳頭突起。

銀世界
Ginsekai (*H. wimii* hybrid)
中型品種，窗上覆蓋微細的白色肉芽。窗的底色也是純
白，因此全株看起來都非常潔白。

白銀城
Hakuginjō (*H. wimii* hybrid)
中型品種，窗與葉背都長滿白色肉芽，看起來十分粗
獷。中心部分有時呈現紅色。

Imagine
(*H. wimii* hybrid)
中型品種，葉片寬且肥厚。窗很短，覆蓋著白色肉芽，
其間有紅褐色的縱線，非常漂亮。

Silver Beetle
(*H. wimii* hybrid)
中大型品種，白色肉芽呈縱向排列在非常透明的窗上。
由於窗是透明的，沒有肉芽的透明部分，與白色肉芽的
對比，非常美麗。

[Truncata Group]
玉　　扇

自古以來就非常受到收藏家的喜愛。
不只日本，在中國與台灣也很受歡迎。這個種群雖然生長速度慢，但容易栽種。

標準的玉扇

玉扇類與萬象類的特徵，都是葉片前端的窗平坦得宛如被切斷似的（truncated），這就是種名*H. truncata*的意思。與萬象相同，玉扇只長在西開普省稱為小卡魯的內陸盆地，主要生長於日照良好，有大石頭混雜的河岸堆積層。窗上有白色線狀花紋或雲，偶爾會有綠或黑線花紋，這些花紋都因個體的不同、甚至是因葉片的不同而異，非常多彩多姿。

因此，玉扇自古就很受收藏家喜愛，熱衷的愛好者會收藏數十盆窗紋不同的玉扇，有時甚至陳列上百盆來賞玩。由於植物外形相似古典園藝的萬年青，除了日本之外，還有中國，特別是在台灣，玉扇都非常受到喜愛。

在中國、台灣與韓國，對於十二卷屬的喜愛都集中在玉扇與萬象上。日本初期的十二卷屬風潮也是從玉扇與萬象開始，再繼續擴大到皮克薩與玉露等等，因此可以想見，今後中國、台灣與韓國的十二卷屬風潮也會擴大到皮克薩與玉露等等上面。

玉扇雖然不難種，但成長緩慢，適合在1萬勒克斯以上的強光下栽種。

《 White Marking Group 》

白 紋 系

窗紋是白線的種群。
在玉扇之中是最普通的花紋。

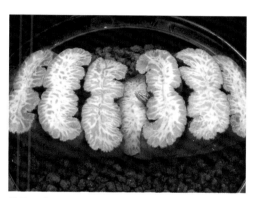

精靈玉扇
Sprite Gyokusen

大型品種，厚葉的厚窗上有一整片複雜的白色花紋的優
秀品種。

藍鯨
Shironagasu

大型品種，稍微往內彎曲的窗上，有像鯨魚骨一般的白
線花紋。

玉響
Tamayura

中型品種，中央隆起顏色灰白的漂亮小窗，整個窗都有
繁複的白線花紋與綠色島紋，十分優美。

白亞
Hakua

中型品種，非常厚的窗上有粗白線。長大之後窗會變成
「コ」字形。

《 Black Marking Group 》

黑　　紋　　系

窗的花紋是黑線或島紋的種群。不只玉扇，這樣的花紋就連在整個十二卷屬之中也是非常稀有，相當受到喜愛。

玄武
Genbu

大型品種，白窗裡有黑色粗線或島狀花紋。由於整個窗是白色的，浮出的黑色花紋對照很鮮明。黑線到了冬季會變成綠色。

敦盛
Atsumori

大型品種，厚窗的中央有大片紅黑色的島紋。島紋四周圍繞著白～粉紅色的線條，強調出花紋的形狀。

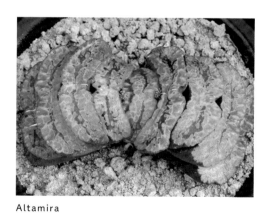

Altamira

特大型品種，大窗中央有像洞窟壁畫模樣的黑線～黑島花紋。

赤影
Akakage

特大型品種，非常厚的白蠟色窗上，有紅褐色的黑線～黑島模樣花紋。

《 Green Marking Group 》

綠　　紋　　系

窗上有綠色島紋的種群。
這也是稀有的花紋，很受歡迎。

葵御前
Aoi Gozen
大型品種，往內彎曲的厚窗上，有深綠色的線狀花紋。
是葵玉扇系。

葵七條
Aoi Shichijō
大型品種，厚窗上有多條白線，白線中央有鮮豔的粗綠
線花紋，是葵玉扇系。

寫樂
Sharaku
大型品種，厚窗上有多條白線與大片綠色島紋，是浮世
系玉扇。

荒磯
Araiso
大型品種，厚窗上有一整片白雲，其中有鮮豔的綠線～
綠島狀花紋。生長速度比寫樂快，是浮世系玉扇。

[Maughanii Group]

萬　象

窗內變化多端的花紋是萬象的特徵。植物體幾乎全部潛入地面下，
只有葉片尖端窗的部分露出地表，這個種群可說是半地中植物的代表。

羽衣
Hagoromo

　　萬象是與玉扇極為相近的品種，只產於玉扇產地之中的特定區域（Calitzdorp）。生長在混雜了大石頭的堆積層這點和玉扇一樣，不過萬象集中生長的地方，是更涼爽的日陰側斜坡，而且喜好立基在富含鐵質的褐色岩盤上的礫石層。

　　與葉片2列互生形成扇狀的玉扇不同，萬象的葉序是自節間以螺旋狀排列生長，因此從上面看來，株姿整體呈現圓形。每一片葉片也與板狀的玉扇不同，剖面是圓形的。此外，萬象和玉扇一樣，植物體幾乎全潛藏在地面下，只有葉尖的窗露出地表，是半地中植物。生長速度比玉扇慢，是全十二卷屬中最慢的一種。在栽種管理上幾乎與玉扇相同，並不難種。

　　窗的花樣極具變化，從完全無花紋、細緻的羽毛花紋、到一整面窗都是純白的；而且不只白線，有些還有綠色或褐色線條花紋，可是還沒出現像玉扇的‘玄武’那種黑線條形成島狀花紋的品種，然而現在已經培育出花紋近似的品種，例如‘螃蟹星雲’（原Z-1）或‘小綠萬象’等等，期待在不久的將來，就能培育出具有‘玄武’一般花紋的萬象。

《 Feather Marking Group 》

羽　　紋　　系

布滿宛如羽毛一般優美細緻花紋的品種群。
非常美麗。

白妙
Shirotae

大型品種。一整面窗上布滿十分細緻的純白羽狀花紋，
是具歷史性的著名品種。

冠雪富士
Kansetsu Fuji

大型品種。很像白妙，但白線較粗。葉片老了之後白線
會變得更粗，使整個窗變成白色。老葉的白線若稍微帶
綠色，就能完美克服白妙的缺點。

雪葵
Yuki Aoi

中大型品種。整個大窗上，都有彷彿雪結晶重疊一般，
非常精細且鮮明的羽狀花紋。

羽衣
Hagoromo

中型品種。雖然是古老的品種，但帶有粉桃色的羽狀花
紋非常優美，現在也很受喜愛。

《 Lightning Marking Group 》

雷 紋 系

布滿閃電狀花紋的種群，
是優秀的萬象中最為普遍的花紋類型。

巨龍萬象
Dragon Manzō
特大型品種，整面窗上都是非常粗的白色雷紋線條。生
長速度快，較為普及，是具歷史性的著名品種。

仙度瑞拉
Cinderella
中大型品種，純白的雷紋花紋布滿整面窗。

雪國
Yukiguni
特大型品種，平坦的大窗上布滿白色雷紋圖案。生長速
度快，雖然較為普及，但也可稱得上是著名品種。

獅子神
Shishigami
大型品種，鮮明的白線呈放射狀擴散在稍帶光澤的大窗
上。

《 Thick Marking Group 》

粗　紋　系

白線的數量少，但非常粗。
這裡也包含白線數量少的日輪系，與雷紋系的區別並不明顯。

千禧年
Millennium
大型品種，中央部分微微隆起的平坦大窗上，有為數不
多的白色粗線。

日冕
Corona
中大型品種，白線集中在窗的中央，是日輪系的代表。

富士龍華
Fuji-no-ryūka
特大型品種，黃綠色的明亮大窗上，有非常鮮明的白色
粗線。白線匯聚在中心，形成大片島紋。

桃源鄉
Tōgenkyō
大型品種，有多條粗白線，與其說是粗紋系，是更接近
羽紋系的著名品種。

《 Purple Marking Group 》

柴紋系

窗的花紋不只白線，還有長出紫～褐色～綠色線的品種。
因花紋型態很稀有而受到喜愛。

丹頂
Tanchō
中型品種，半透明的窗上，由白線與紅線構成的綴飾非
常迷人。

大紫
Ō Murasaki
中型品種，窗上有鮮明的綠色～褐色粗線。這些線條到
了夏季會染上紅至紫色。

螃蟹星雲
Kani Seiun
中型品種，窗上有粗紅線，且紅線會匯聚在中央，形成
宛如螃蟹星雲一般的島紋。舊名為 Z-1。

小綠萬象
Midorin Manzō
似乎是大型品種，大窗上有多條白線，線條會在中央融
合，形成宛如蝴蝶的圖案。

《 Other Manzō 》

其 他 萬 象

其他系統，或因版面緣故而沒有列出的。

極光
Aurora
中型品種，藍色的半透明窗上有優美的白線花紋，是很
受喜愛的品種。

白磁鏡
Hakuji Lens
中型品種，一整面窗上都籠罩了濃厚白雲，是外形與質
地都很特殊的萬象。鹽湖可能是同一種類的個體。

海市蜃樓
Shinkirō
中大型品種，白線花紋很普通，不過窗的形狀幾乎是圓
形，外觀非常好看。這種窗型的遺傳性很強，實生苗中
有許多優秀品種。

花菱
Hanabishi
中大型品種，是羽紋系接近雷紋系，許多白線覆蓋了整
面窗。

硬葉系

與其說是葉片硬，不如說這個種群的特徵應該是花莖很硬才對。
像'十二之卷'一樣，也有普遍到會在街上花店前面看到的品種。

孤星淚
Orphans-no-namida

通常葉片是硬的就會歸入這個類別，不過以花莖硬不硬做為基準，才是表現出這個種群特徵的正確方式，若以此為基準，葉片柔軟的龍鱗（*H. tessellata*）就會毫無疑問地歸入硬葉系。然而，這個類別在系統分類上，聚集了非常多種群，分類也眾說紛云，至今仍無定論。

分成十二卷屬或蘆薈屬等等，以DNA解析為基礎的APG分類體系，是以花的構造或遺傳親近性（不同屬之間是否容易雜交）來分類，這方法有許多矛盾，怎麼看都不合理。在探討APG分類體系與方法論的問題點上，硬葉系的十二卷屬或許是很好的研究材料。

硬葉系雖然有非常多種群，但絕大多數都沒有窗，因此不太受歡迎，不過像'十二之卷'等等就非常強健且普遍，是在花店門前最常看到的十二卷屬。因此，中國將Haworthia屬標示為「十二卷屬」，成為本屬的代表植物。

一般來說，硬葉系都很強健，適合在強光下栽種。但'冬之星座'的同類比外表看起來纖細敏感，不僅葉尖容易曬傷，粗莖也意外地容易腐爛，要多加注意。

《 Fuyu-no-seiza（Maxima）Group 》

冬之星座系

Maxima系（冬之星座的同類）之中的大型品種。

※代表品種有瑞鶴等等。

蓮花
Lotus（ *H. carinata* nom. nud. ）
乍看很像瑞鶴（*H. marginata*），不過這是*H. carinata*
的無白點個體。寬葉片的邊緣上有白色粗線，是漂亮的
優秀品種，不易栽種。

白折鶴
Shiro Orizuru（ *H. marginata* ）
這株是瑞鶴（*H.marginata*）的選育個體，葉片邊緣有
完美的白色飾邊。由龍膽寺先生（1963）命名，是非
常古老的品種，不過還是很受喜愛。

天使之淚
Tenshi-no-namida（ *H. maxima* hybrid ）
這是從冬之星座（*H. maxima*）與天主星座（*As-
troloba* hybrid）雜交品種之中選育出來的個體，有鮮
明的大白點，以及葉邊與葉脈等處的白色粗縱線，是相
當優秀的品種。

星之界
Hoshi-no-yo（ *H. zenigata* hybrid ）
星之宙（Hoshi-no-sora 舊名：Subaru）的優良選
育個體。星之宙與淚珠（*H. zenigata*）雜交的品種，
葉片上都排列著許多具光澤的硬幣形（「錢形」的日文
發音為zenigata）結節，十分美麗。

《 Koel Group 》

高 文 系

高文鷹爪（*H. koelmaniorum*）以及與其雜交的品種群。在硬葉系之中，高文系的葉片花紋很容易產生變化，有優秀的雜交品種。

錦帶橋
Kintaikyō (*H. koelmaniorum* hybrid)
葉片上排列著白色塊狀花紋。花紋容易出現變化，有各種不同的芽條變異。是中大型品種，很容易長高，若不適當修剪會長得不好看。

銀帶橋
Gintaikyō (*H. koelmaniorum* hybrid)
錦帶橋的兄弟，葉片更短更厚的小型品種，花紋也更白更精細。

曼塔
Manta (*H. koelmaniorum*)
會長到直徑12cm以上的大型品種，厚且短的葉片相當寬，是原始株的選育品種。

水瓶座
Aquarius (*H. koelmaniorum* hybrid)
天主星座（*Astroloba* hybrid）與高文系的雜交品種。塊狀結節井然有序地排列在高文型的葉片上，是很優秀的作品。

《 Other Hard-leaf Group 》

其他硬葉系

收錄冬之星座系、高文系以外的硬葉系。

Cobaltina
H. cobaltina nom. nud.

迷你馬系列（Minima series）的一種，葉片微硬，帶有光澤。葉片正反面都有許多光亮的白色結節，相當美麗。Cobaltina的同類硬葉系中，也有其他許多美麗的品種或個體。

一反木棉
Ittan Momen（ *H. attenuata* ）

十二之卷Wide band的芽條變異。葉片背面有白色厚結節，若將每一片葉片放大來看，沒有結節的地方，看起來像是妖怪「一反木棉」的眼睛。

龍鱗
Ryūrin（ *H. tessellata* ）

這是有窗硬葉系的代表。軟質葉的正面全都是透明的窗，上面有彷彿龜殼花紋的葉脈。由於分布區域非常廣闊，變異也很大，因此有許多不同的園藝品種。

索帝達
H. sordida

葉片稍微細長，粗糙且帶有光澤。生長速度非常慢。從葉片長短或表面的粗糙程度，可以推定所屬群落或原生地，因此每一種都被認為是不同品種。

[Variegated Group]
入　斑

入斑植物的栽培，自古以來在傳統園藝之中就廣受喜愛，日本人也引以為傲。
特別是玉露系的入斑，美麗又精緻。

　　入斑植物的栽培，在傳統園藝中自古就廣受喜愛，是日本人自豪的領域，十二卷屬軟葉系的入斑極具透明感，是所有植物之中最美的入斑之一，特別是玉露系，葉片的透明感原本就強，入斑之後更加強了透明度，非常精緻。

　　要大量增加入斑並非易事，也不太普及，不過玉露系即使插葉，入斑的機率也很高，葉片數量又多，因此比葉片數量少的‘萬象錦’等等繁殖得更快。

　　草玉露系的入斑很會長側芽，因此有像‘寶草錦’等等入斑也很普遍的品種。除了只有自然長側芽才能繁殖的‘白蛇傳’之外，其他品種應該會慢慢普及開來。

　　玉露系或草玉露系有些品種的入斑幾乎接近全斑，非常美麗，只靠殘留在葉片背面等等部位的少許葉綠體生存。不過生長點附近若完全沒有綠色，短時間內就會枯死，最好不要購買。

　　此外，斑並不安定，長大之後可能會變成全斑，斑也可能會消失，在這種情況就要用胴切之類的方法，迫使植株長出幼芽，再挑選出斑長得好的幼芽來培育。

《 Round Tip Obto Nishiki 》

丸　尾　系　錦　葉尖呈圓形的入斑玉露系。

花紫
Hanamurasaki (H. vista nom. nud. variegated)
入斑的抖抖玉露。透明感高，非常美麗。照片為赤斑，也有黃斑或白斑。很容易長成全斑，因此必須要以胴切或側芽來確保下一代。

虹之雫
Niji-no-sizuku (H. ikra nom. nud. variegated)
小型且葉片有短短的尖端，一般認為是 H. ikra 的入斑。與此同類的品種，完全無毛的有 H. bolonia nom. nud.；葉片尖端較長的有 H. kubusie nom. nud. 這個品種。

《 Canary Obto Nishiki 》

加 那 利 系

加那利系幾乎無毛，是深綠底色上有鮮明黃斑的玉露錦種群。
也稱為花水晶的實生。

加那利之歌
Canaria-no-uta
這是做為加那利系名稱起源的優秀玉露錦，深綠底色映
襯鮮明黃斑的對比十分精美。

加那利之戀
Canaria-no-koi
葉片比加那利之歌長，斑也更細緻且安定。

加那利之舟
Canaria-no-fune
很像加那利之歌，不過斑色有點淡。

加那利之夢
Canaria-no-yume
稍微細長的葉片，看起來像是與加賀玉露（*H. ka-
gaensis*）的雜交品種。斑很細緻，非常安定。

《 Black Obto Nishiki 》

黑 玉 露 錦

葉片顏色為深綠～黑綠色的玉露錦，多有赤斑。

黑肌玉露錦
Kurohada Obto Nishiki
這株葉片顏色呈暗灰綠色的黑肌玉露錦上長了赤斑，非常受歡迎。

山田黑玉露錦
Yamada Black Nishiki
這是黑肌玉露錦的栽培變異，色素變得很淡，葉片顏色、斑色都較黑肌玉露淺。

桃色烏
Momoiro Karasu
黑肌玉露錦的栽培變異，色素變得更淡，斑為白～粉桃色，幾乎都是白斑。非常美麗。

赤鳥
Akai Tori
黑肌玉露錦的兄弟，底色與斑色都更加明亮，比黑肌玉露錦更細的鋸齒很顯眼。

《 Green Obto Nishiki 》

綠 玉 露 錦

底色（葉片顏色）呈綠色的玉露錦。葉片前端微尖的品種很多。

花水晶
Hana Suishō
較為普遍，是底色與斑色都很深的優良品種，現在也很
受喜愛。

牛奶雲
Milky Cloud
白斑的玉露錦廣為流通，會擺在園藝店等等店鋪前販
售，具有各種不同的名稱，但這個名字才是真名。

純白
Pure White
這是全斑的牛奶雲，靠著中心葉片附近的少許綠葉生
長。雖然非常美，但很脆弱。

白蛇傳
Hakujaden
大型的白糊斑，非常美且強韌，但只能靠自然長出側芽
來繁殖（糊斑通常不能使用插葉或胴切法繁殖）。

《 Cymbi Nishiki 》

草 玉 露 系 錦

草玉露系的入斑品種。
表皮比玉露系薄且柔軟，底色與斑色都較淡。

海洋
Marine
寶草錦×紫肌玉露。看起來幾乎就是玉露錦，不過質
地要軟得多，也很會長側芽。由於質地較軟，透明感也
強，很漂亮。

京之花火
Kyō-no-hanabi
京之華錦×紫肌玉露。葉片比海洋扁平，質地軟，很
美，非常會長側芽。

仙女香
Senjokō
感覺像糊斑的白縞斑，葉片全為半透明，非常漂亮。長
成大株後會長出非常多側芽。

銀華蓮
Ginkaren
長白糊斑的青玉簾（*H. umbraticola*）。葉片上面完全
看不到綠色部分，一片雪白，十分美麗。由於是青玉
簾，應可靠側芽繁殖。

《 Other variegated Haworthia 》

其 他 入 斑

玉露系與草玉露系以外的入斑品種。

玉扇錦
Gyokusen Nishiki
現在繁殖出許多不同類的玉扇錦，像大海原等等一樣擁
有專屬名稱的卻極其稀少。

萬象錦
Manzō Nishiki
萬象錦幾乎沒有專屬名稱，這是由於入斑方式比窗的花
紋更受重視的緣故。

網紋壽錦
Corexa Nishiki
網紋壽也一樣，許多流通的品種都沒有專屬名稱。

銀河
Milky Way
糊斑的中型壽系，高貴卻不貴，可輕鬆賞玩。

[Reddish Group]
紅色・紫色

有的十二卷屬葉片總是帶有紅色或紫色，
有的會因季節變換而變色。
重點是要注意曬傷，以及在強光下栽種。

　　某些十二卷屬的品種，會在平時或隨季節
更迭而染上紅色或紫色，有名的'抖抖玉露'
（OB-1等等）會在夏季變成漂亮的紫色，是它
受歡迎的原因之一。玉露系還有很多顏色漂亮
的種類或品種，尤其是紅玉露類的雜交品種，
很多會變成深紅色或深紫色。草玉露系也有
H. rosea 或 H. cana 之類色彩美麗的個體，不
過一般說來草玉露系幾乎不會變色。

　　除了玉露系或草玉露系，美豔壽也有很多深
紅色或深紫色的個體。由於美豔壽的窗很有光
澤，染上色彩之後會變得非常美。

　　皮克薩類也有紅色的品種，不過顏色有點
淡，而且沒有光澤，因此不像美豔壽那麼漂亮；
不過紅黑色斑點花紋的品種（'深海'、'達文
西'等等）則是美豔壽所沒有的。除此之外，
Rexa系有'黑瞳'與'紅亭'等等品種，整個葉
片變成紅黑色，上面會有顏色更深的線狀花紋。

　　要在強光下栽種才會長出漂亮的顏色，但若
突然放在強光下會曬傷，一定要多注意。

《 Deep colored Obto Group 》

深色玉露系

抖抖玉露
Dodson Murasaki
紫肌玉露的代表品種，若長得好，夏季就會變成漂亮的
紫色。

夏茜
Natsu Akane
加上產地名稱的進口植株的選育品，是平時就是美麗紫
紅色的特異個體，色調與紫肌玉露和黑肌玉露的暗紫色
不同，是紅色系。

這裡介紹的是紅色或紫色等等，深色的玉露系品種（包含草玉露系）。

夕霧樓
Yūgirirō
戀紫的雜交品種，窗非常透明，常常呈現淡紫色，在夕
陽光照下十分漂亮。

紫繪卷
Murasaki Emaki
紅玉露（*H. leightonii*）×毛玉露（*H. venusta*），常
常呈現深紫色的優秀品種。

Leightonii
H. leightonii
小型，有很多群生的個體，總是呈現漂亮的紅～紫色。

紅水晶
H. luminis nom. nud.
Cornfield產的紅玉露所分離出來的品種，葉尖的窗有
網狀花紋。

玉露系　毛蟹系　壽系　玉扇鷹爪象　硬葉系　入斑

紅色・紫色

大黑零
Ō Kuro Sizuku
大型深綠色的雜交品種,夏季會變成漂亮的黑褐色。

黑玉零
Kuro Tama Sizuku
中型。暗褐綠色的雜交品種,葉片質地很硬。在夕陽光
照下,窗會閃閃生輝,很美。

Rosea
H. rosea nom. nud.
中小型品種,總是呈現粉紅色。

Cana
H. cana nom. nud.
通常是半透明的灰綠色,不過有的個體會變成像Rosea
一樣漂亮的粉紅色。

《 Deep colored Sple Group 》

深 色 美 豔 壽 系

美豔壽之中也有呈現美麗的紅～紫色的品種。

紫陽花
Ajisai

底色為紅棕色的窗上有淺紫色的斑紋，還混雜了稍微隆起的透明結節，形成非常繁複的花紋。會因季節變換而變成宛如紫陽花的顏色。

紫式部
Murasaki Shikibu

最初由Abbey Garden售出的10株個體之一，窗上有多條藤紫色的縱線，結合淡褐色的底色，使整株都變成藤紫色。

桃色嘆息
Mmoiro Toiki

日本實生品種，帶有強烈光澤的漂亮粉紅色窗上，有深紅褐色的縱線，是會令人驚嘆的美麗品種。

紫宸殿
Shishinden

美豔壽的雜交品種，暗淡的褐綠色窗上有紅褐色的縱線。黑美豔是其異名。

95

十二卷屬的花

十二卷屬的花或許稱不上好看，但具有凜然之美。
下面介紹它的特徵。

小小的花
陸續綻放 7◀

◀ 6

◀ 5

4 ◀

3
◀

2
◀

1 ◀

即使是盛開時，花朵（從花瓣到花瓣）的直徑也才不到
1cm。

十二卷屬每年會開1次小小的花。
十二卷屬的開花期，壽系的皮克薩、康
平壽、網紋壽、銀雷、壽寶殿等等是在
春天開花；同為壽系的美豔壽與毛葉系
是夏季開花；玉扇系、萬象系與壽系的
巴迪亞等等則是秋天開花。

這些花朵的形狀，都像是小小的百
合，很多長度只有1cm，小型花朵只
有5mm，大型花朵會長到2～3cm。
花的顏色幾乎都是白色，不過有些品種
也會長出粉紅色、米色、橘色、黃色、
黑色的花。

大多會長出一枝長約30～80cm
的不分歧花穗，從花穗中間部分由下往
上依序開花，其中也有些品種，會像風
信子一般密集地開出大朵的深粉紅色花
朵。

原生地的授粉媒介是小型蠅類，果
實約長2cm，果實成熟後，會像乾燥
的百合果實一樣裂開，種子便從中撒出
來。種子是黑色、約1mm大小的尖粒
狀。

栽種時，由於十二卷屬的花有大
量花蜜，花期結束之後若放著不管，
殘留的花蜜會引來蛞蝓或薊馬，助
長害蟲繁殖，因此如果不用來雜交
（→P104），就要主動摘除花朵。

花穗還小的時候，用手就可簡單摘
除，稍微長大之後就很難用手摘下，因
此要使用殺菌過的剪刀，從根部切除。
切除之後剩下的花莖，在完全枯萎之後
用手就能輕鬆拔除。

How to grow Haworthia

十二卷屬 的
繁 殖 方 法

分 株 法

增加十二卷屬植株的方法中，
這是最基本的方法。

把親株下面的根所長出的子株分離出來培育
長大，就是分株。為了能更仔細觀察根的狀態，
若使用一般盆栽土培育，差不多2～3年換盆換
土一次；若使用椰糠培育，5年要換盆換土一
次，趁此時機進行分株較好。

如P30的說明，將根整理好，使子株顯露
出來之後，就要一邊小心別傷到植株，一邊用手
一一摘下子株。

可以的話，將〈Topsin M〉之類的殺菌
劑，或是殺菌劑與〈Luton（住友化學園
藝）〉等等發根促進劑各取一半混合成的粉末
（→P32），用刷子塗抹在親株與分離的子株根
部，如此可防止細菌入侵傷口。

接著植入土中，深度要能蓋住根。如果子株
數量多，讓子株靠著花盆邊緣會比較安穩。如果
子株尚未發根，只要放在土壤表面數日～數週，
根就會長出來，之後再植入土中即可。

分株後的子株常常很小，而且剛換盆換土的
土也很容易乾，因此要注意並配合子株的狀況澆
水，以免太乾燥。在子株長出新根之前，要放置
在充分遮光的環境中。

[分株的步驟]

1 以與換盆換土（P28～）相同的方式整理根部，
用手摘下子株。

2 去除枯葉與受傷的根，將子株與親株整理乾淨。

3 混合發根劑與殺菌劑，以刷子一一塗抹在親株與
摘下的子株根部。

4 以與換盆換土相同的方式，將親株植入土中，鋪
上上砂。

5 準備另一個花盆植入子株，深度要能蓋住根，再
鋪上上砂。

注意 要把尚未發根的子株
放在土壤表面，
等發根之後再植入土中。

插葉法

十二卷屬很不可思議，
剪下的葉片也會發根。
插葉就是利用這個特性來繁殖。

葉片可以用手或剪刀剪下，但如果使用剪刀，作業前一定要用P32所介紹的消毒法先消毒，避免病毒或細菌入侵。

雖然就算剪的地方不是葉片根部也沒關係，但不管是哪一個品種，剪斷靠近莖的部位比較不容易失敗。玉扇、萬象或壽系，就算剪的是葉片正中央，也會發根。

與進行分株時一樣，要在切口塗上混合殺菌劑（→P32），施行防治細菌的萬全對策。

要讓葉片發根，必須要充分遮光與保持濕度。雖然也可以放置在澆過水的土壤上，但要注意葉片切口不要碰到土壤。也可以直接放在空花盆的底部。

[插葉的步驟]

1 用手或剪刀剪下葉片。

2 在切口上，塗抹分株法使用的發根劑與殺菌劑的混合劑（→P98）。

3 要充分遮光，並將葉片放置在盆土表面等等濕度高的地方，等待初根。要注意切口不要碰到土壤。直接放在沒有土的空花盆底部也OK。

4 等到切口十分乾燥，長出約1cm的根時，就按照分株法的步驟植入土中。

注意 根長出來的時候會突破表皮，因此表皮一定會受傷。要等到根長到一定的程度，傷口癒合之後，才可以植入土裡，這點非常重要。

扦 插 法

十二卷屬折斷的根也會長出新根，
並長出子株。

在進行換盆換土或分株作業時，即使十分小心，有時還是不免會折斷根，此時不要把根丟掉，可以讓斷根長出新根，並且用以繁殖。

此外，也可以剪下變成茶褐色、顯然很老的老根，種在土裡使其發根，來繁殖植株。不過白色的新根不適用這個方法，因為常常會在新根長出之前就腐爛了。

剪除折斷的根與老根時，要用消毒過的剪刀來剪，並在剪下的斷面塗抹混合殺菌劑（→P32）。

接著，準備一個花盆來栽種這些根。所使用的土，用平常栽種十二卷屬的土就可以了。

把根種下去時，要注意不要上下顛倒。不管哪一種植物，根都是由末端不斷生長出去，因此植入土中時，要將根的尖端朝下，將根的上部，也就是靠近葉莖的部分朝上。

另外，不要把整條根都埋進土裡，根的上部，就是靠近葉莖的部分，一定要露出土壤表面。然後要充分澆水，以避免乾燥。

[扦插的步驟]

1 將進行換盆換土等作業清除土壤時折斷的根或老根，用剪刀剪下來。

2 在花盆中準備好與換土時相同的土（→P24），將切口（靠近莖的地方）朝上，尖端朝下，植入土中。

注意 植入根的時候，不要把整條根都埋入土中，一定要把上方接近莖的根部露出來，這點非常重要。

分 頭 法

原本為一個的株體，
有時會出現數個生長點，
將那些生長點分離出來，就能用來繁殖。

長出3個頭的十二卷屬

十二卷屬成長時，一個植株有時會出現數個頭（生長點），十二卷屬的栽種專家稱之為分頭。在這種情況，將頭從根部切斷分離，就可以繁殖。

整理根的要領與換盆換土時一樣，並且要尋找容易剪開根部的地方。拿掉1～2片外側的葉片，就能在子株的下方部分找到界線。用消毒過的（→P32）剪刀剪開，切口要盡量剪得小一點，切口愈小，就愈能避免病毒或細菌的侵害。

此外，要在切口上塗抹混合殺菌劑（→P32），親株的切口也要塗。

然後，用與換盆換土相同的要領，種下親株以及剪下的子株。所使用的土，用換土所用的土就可以了。

[分頭的步驟]

1 整理根的要領與換盆換土時一樣（→P30），並且要尋找容易剪開根部的地方。拿掉1～2片外側的葉片，就能在子株的下方部分找到界線，因此可以判斷如何剪開比較好。

2 用剪刀剪開，剪的時候切口要盡量剪到最小，分開小小的子株。

3 分頭作業結束。

4 在切口上塗抹混合發根劑與殺菌劑的混合劑。

5 用與換盆換土相同的步驟，將原本的植株（親株）與子株植入土中。

注意 在作業開始之前，要用P30所說明的病毒消毒液，或稀釋10～20倍的廚房漂白水，浸泡剪刀約2分鐘以消毒。

實 生 法

雖然很花時間，
但播種發芽的培育方式，
蘊含了發現沒見過的新品種的夢想。

收成種子之後，要在 1 年內種下去，若超過 1 年，發芽率會驟減；若保存在溫度 10～30℃，不管何時種都沒有問題。事實上，如果能在開暖氣的室內保持那樣的溫度，就算在冬季播種也會有不錯的成功率。

希望要注意的是在發芽之後。長出的芽若出現從根部腐爛倒下的猝倒病，就要把枯萎的苗與周圍的苗，一起用鏟子連土鏟掉。即使乍看之下很正常，若苗變成半透明，就有可能是生病了，也要把苗連同周圍的土一起鏟掉。把土鏟掉之後，要放入加了殺菌劑的上砂鋪平。

如果全體三分之一以上的苗都感染了，就要將健康的苗用鑷子一根一根換到新的花盆和新的土種植。

[實生的步驟]

1 開花之後，種子莢（果實）會從綠色變成褐色，乾燥並出現皺紋時，就從種子莢的根部將莢取下，把整個種子莢放在茶杯之類的小容器裡（信封也可）收好。

注意 種子莢乾了之後會出現裂縫，如果有水滴從那裡跑進去，裡面的種子可能會發霉，因此若還是綠色的時候就好像快要裂開，就要盡早取下。

2 把放了種子莢的容器，放入冰箱之類乾淨且乾燥的陰涼場所，讓種子莢乾燥。

注意 濕度高的地方，會讓種子莢裡的種子發霉。萬一發霉了，該容器中的所有種子都要丟掉，就算拿來種，也會馬上發霉爛掉。

3 等到充分乾燥之後，用鑷子之類的器具，在乾淨的白色紙上剝開種子莢，取出種子。

注意 剝開種子莢的時候，種子若沒有鬆散地散開，而是彼此黏在一起，就是因為霉菌的菌絲纏在上面。該種子莢的種子全都要丟掉，並換一張新的白紙。

4 取出乾淨的種子之後，放入寫上品種名的信封內，播種之前都要保存在冰箱裡。

注意 種子採集後若放超過 1 年，發芽率會大幅下降，因此要在 1 年內播種。

發芽 1 年半的 '綠寶石'

5 準備一個約 2.5 號花盆大小的盆。

注意 實生所使用的花盆，以 1 個花盆栽種 1 個品種為原則。在熟悉實生作業之前，為了分散發霉的風險，建議要使用多個小花盆。2.5 號花盆可種 50 顆種子。

6 準備好要放入花盆的栽培用土。將 P26 介紹的混合土，或椰糠（M）放入花盆高度約三分之二的量，接著放入少量的緩效性肥料《Magamp》（→P28），在上面再加入混合土或椰糠（M）。然後薄薄地鋪上一層混合殺菌劑的細粒赤玉土（→P27）。

注意 若使用有機肥料，發霉的可能性會變高，因此要避免使用。

7 播下種子。把種子放上對摺的小紙片，一手輕敲拿著紙片的手腕，讓種子均勻地從摺痕撒落到土上。

8 播種完之後，輕輕撒上一層上砂，只要能蓋住種子就好。

9 用澆水器輕輕將水灑在土上。

10 準備一個淺盤，將花盆放置其中。淺盤中的水，要淹到花盆高度的一半左右。

注意 此時若在水中加入殺菌劑或抗菌劑，就可以防止發霉。

11 將淺盤放置於有充分遮光（遮擋 80～90%），微暗且保持空氣濕度的場所，等待發芽。大約 3 週會開始發芽，約 4 週會長出幼苗。

注意 要保持空氣濕度，使用寶特瓶，或在淺盤上罩上專用的塑膠罩，是較簡單的做法。溫度要保持在 10～30℃，超過 30℃ 不會發芽。

12 長出幼苗之後，就不需要用腰水（※將花盆泡在淺盤水中的做法），要照平常的方式澆水（→P24）。發芽後的 2 年內都要勤加澆水，避免土壤乾燥。

13 到了發芽後的第 3 年，因為幼苗長大變得雜亂，因此要換到 3 號盆之類的花盆。換盆後就要加強遮光，不過澆水等等只要照平常的管理方式就沒問題了。

雜交法

讓不同的品種或不同的個體授粉，
可以培育出新品種。
也會產生出意料之外的品種，很有浪漫情懷。

十二卷屬是就算某個體的花粉散播到同一個體的柱頭，也不會受精的植物（自交不親和性植物）。若非從遺傳上相異的其他個體受粉，是不會受精的。不過，若是兄弟株就能受精，因此可以雜交。

雜交的作業，要從採集花粉開始。使用紗門的紗網纖維會很方便。

採集花粉，不管從哪朵花開始都可以；但若是最適合受粉的花，則是從下面數來的第二朵。因為十二卷屬的花，是由下往上陸續綻放，開花之後過了2～3天，雌蕊才會成熟，所以要避開上面新開的花。而且剛開的花無法受粉。

此外，由於斑是母性遺傳，因此若想雜交出入斑的個體，就要讓入斑的植株接受花粉。

[雜交的步驟]

1 將紗門的紗網纖維等物品剪短，深深插入花中適當動幾下，以採集花粉。

2 把沾上花粉的纖維插進別株的花中，讓花粉沾到雌蕊上。

3 花受粉後，子房會膨脹肥大。花瓣枯萎後，就可以用鑷子摘除。

注意 如果將花瓣放著不管，附著在上面的花蜜會發霉，因此一定要摘除。為了避免發霉或引來蛞蝓，要把沒有受粉的花摘掉。

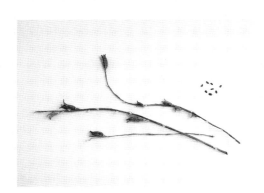

十二卷屬 的知識
& More

名 稱 與 標 籤

十二卷屬的每個品種都有充滿個性的名字。
現在就來了解一下，
關於命名架構的基本知識吧！

　　每個園藝植物都有學術上的學名，以及園藝上的品種名。學名是按照「國際藻類、真菌、植物命名法規」（ICN）來命名，由屬名與種名組合而成，以拉丁文書寫，像*Haworthia picta*等等就是如此。

　　可是，在學術上最重要的，其實不是學名，而是標示該個體由誰採集的採集號碼，像是「MBB xxxx」這種編碼，開頭的「MBB」就是採集者的姓名略稱。例如MBB，採集者是布魯斯‧拜爾（Bruce Bayer的略稱），只要調查接下來的號碼xxxx，就可以知道那是在何時何地採集的。或者就算沒有採集號碼，只要有明確的產地名資料，能夠得知該植物是在何處採集，就會成為學術研究的對象。

　　在轉記標籤的時候，好像有些會只寫學名，沒有轉記採集號碼或產地名，這便是消去了最重要的資料。

　　另一方面，使用在園藝上的品種名，是按照國際栽培植物命名法規（ICNCP）來命名。品種名原則上是以品種的內部變異來命名，因此在區分上比種更低一個層級。不管用哪種語言命名都可以，不過為了避免與學名混淆，因此大原則是不可用拉丁文，所以像「○○皮克大」（○○H. picta）這樣的名稱，因為「皮克大」是拉丁文，所以不是有效的品種名；另一方面，「○○

萬象」的「萬象」不是拉丁文，所以OK。

　　管理國際栽培植物命名法規的國際園藝學會（ISHS），為了協調統一全世界的品種名稱，指定多個組織為國際栽培品種登錄機構（ICRA），為各類園藝植物管理全世界的品種名。現在，像玫瑰或蘭花等等，幾乎所有園藝植物群都要接受ICRA的指定。到2017年3月為止，有指定機構的園藝植物群已多達80個。

　　事實上，日本十二卷屬協會就是其中一個管理十二卷屬的機構，於2014年接受ICRA指定，是日本唯一的國際栽培品種登錄機構。2013年以前發表的品種名（包含無效名稱約4000個）都登記在『十二卷屬品種名稱總覽』裡，2013年以後發表的品種名（到2016年為止約2000個）則刊載於日本十二卷屬協會的官方網頁上。

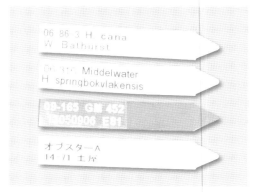

監修者在栽種十二卷屬時實際使用的標籤

品評會・交換會

有鑑賞優秀植株的品評會，
以及可獲得植株的品評會。
這裡介紹的是主要的、熱門的品評會。

十二卷屬的品評會，是日本十二卷屬協會每年4月十二卷屬節的一個項目，在東京的兩國舉行，會展出全日本各地自豪的優良品種與新品種，並由與會者票選出日本十二卷屬大賽的金獎作品。每年都會展出水準極高的作品，向國內外展示日本的十二卷屬園藝水準之高。

入圍作品會刊登在十二卷屬研究誌上，這本雜誌會發布給日本全國與國外的愛好家，因此知名度會上升，對作品、展出者與育種家本身來說都是很好的宣傳。

除此之外，由多肉植物的愛好家團體等等主辦的大型集會（如新年會）中，也會與其他多肉植物共同舉行品評會。

宛如舉辦品評會似的大型集會，大多也會辦交換會（競標會），展出稀有的繁殖品，有時也可以用比市價便宜的價格買到，很受愛好家的歡迎。由於知道交換會上的展示者是誰，因此也可購入信用度高的種苗。

另一方面，最近網拍也很盛行。因為參加者比愛好家聚會中的競標會還多，因此可賣到高價的可能性很高，除了這點，輕鬆又方便也是受歡迎的原因。

因買賣十二卷屬而出名的拍賣網站，有「奈良多肉植物研究會」與「Yahoo拍賣」，前者的特色是很多高級品或大型植株的買賣，後者則是很多稀有品或小種苗。不過，網拍有時也會有假貨或標示不實的商品，要多注意。奈良多肉植物研究會的拍賣網站，主辦者會檢查拍賣品的品種名，因此上面的品種名較具可信度。當然，不管是在哪個拍賣網站購買，購買者自己都必須做最後的檢查。

此外，日本十二卷屬協會也會在十二卷屬節中同時舉辦展售會，除了玉扇或萬象的優良繁殖苗之外，也會販售平常幾乎不會出現在市場上的原始種系的稀有品，或玉露系、毛葉系的優良品，因此為人所知。

另外，不只十二卷屬，如果也想購入其他多肉植物的種苗，還有一場知名的展售會，就是以國際多肉植物協會為中心所舉辦的大型市集，春夏秋冬一年4場，在東京的五反田舉行，是很熱門的展售會。

購買時的注意事項

為了不在購買時出錯而事後後悔，
下面介紹幾項重要的要點。

購買十二卷屬時希望各位注意的是，要將植株是否徒長列為檢查重點，仔細確認種苗，挑選自己認為好看的植株。

就算十二卷屬是喜好背陽處的陰性植物，長時間放置在光線不足的賣場，還是會徒長。徒長的苗很脆弱，就算換盆換土，發根還是會很花時間，而且無法定型。此外，因為脆弱，也很容易生病，而且若突然放在強光下，會比健康的苗更容易曬傷。就算看到中意的品種，徒長的苗還是避開為佳。

還有，買來的苗要盡快換盆換土。有些買來的植株會有害蟲或病菌，有時根部還會腐爛，因此為了確認狀況，一定要換盆換土。而且若直接用原本的土而非自己常用的土，由於土壤乾燥的狀況不同，不見得能與其他長時間培育至今的十二卷屬在相同間隔澆水，所以所有盆栽都用相同的土比較好。

十二卷屬的生長速度緩慢，直徑要增長1cm，基本上大概要花上1年，因此若以插葉或實生培育，要長成能賣的大小（直徑2cm）約要2年，長成直徑5cm的中苗要5年，直徑8～10cm的大株要8～10年。

因為這個緣故，不管十二卷屬有多麼受歡迎，種苗的供給也很難突然增加，這也是價格居

高不下的原因。此外，種苗若供不應求，長得還不夠大就得出貨，市場上的種苗就會愈來愈小，尤其是網拍，非常多賣家都在賣小小的種苗。

很多十二卷屬的小苗不會顯露出親株的特徵，若非相當有經驗的老手，很難從外觀看出是真品還是假貨。

令人遺憾的是，常有販賣的品種名與實際品種名不同的案例。為了以防在賣掉之後，買家指責品種名不對，賣家會說「那是我購入時的名稱」藉以撇清責任，這樣的賣家也很常見。

如果是經手很多十二卷屬的植物業者，是否就會以正確的名稱販售呢？很遺憾，並不會。在販售許多商品的業者之中，也發現有用不適當名稱販售的例子，有人會加上自創的名稱，也有人會張冠李戴。

如果是因為看了中意而想買，或許可以不用太在意展示的十二卷屬的模樣與外形，但若品種名也是決定購買的因素，建議要到玩家俱樂部之類的地方確認評價，辨識出是否為有信用的業者，以及販售的十二卷屬是否使用正確的商品名（也就是品種名）。買家也要盡可能採取自我防衛的策略，這點很重要。

不過，確認商品是否為真品的責任，本來就在賣家身上。就算自己購買時是用那個名稱販售的，但若明知那不是真品，卻隱瞞並賣出，就是詐欺；即使不知道那是假貨，也有退款或賠償損失的義務。

現在可以藉由DNA鑑定，來查出是否為真品。若認為自己受害了，不要默默躲在被窩裡

哭，去各地的消費生活中心或消保官那裡申訴吧！日本十二卷屬協會也受理諮詢。

相對地，要在網拍之類的地方上架時，若不確定品種名是否正確，可以詢問玩家俱樂部的資深老手，如果希望正確度更高，可以尋求日本十二卷屬協會專家的協助，請以正確的名稱將商品上架。

◎　◎　◎

現在十二卷屬的價格高漲，應該可以當做是由於受歡迎程度急速上升，而種苗的生產與供給卻追不上所產生的暫時現象。已經有許多業者與業餘專家透過組織培養，開始大量生產受歡迎的品種，2、3年後，等到那些出現在市場上，價格也會平穩下來，即使不狂熱的普通十二卷屬愛好者，也可以用適當的價格買到優良品種。

接著，以往品種優良的十二卷屬只會在玩家之間的行家市場（仙人掌業者、玩家競標會、拍賣會、展售會）流通，不過如果透過組織培養進行大量生產，在不久的將來，應該也會出現在家庭五金DIY中心或花店門前等等地方吧！如此一來，現在價格令人下不了手的優良品種，應該也可以用不到1000日圓的價格買到。今後肯定會有更多人，以更平易近人的方式，來栽培十二卷屬並享受鑑賞的樂趣。

關 於 日 本 十 二 卷 屬 協 會

日本十二卷屬協會於1998年開始活動，2016年改組為一般社團法人。

日本十二卷屬協會的主要活動，是發行機構雜誌《十二卷屬研究》與經營官方網站，以及每年春季舉辦十二卷屬節。

《十二卷屬研究》會發掘許多新品種並在雜誌上介紹，也會將雜誌送給國外的愛好玩家或英國皇家植物園、德國柏林達勒姆博物館、南非康斯坦博西植物園等等研究機關，將日本的優良十二卷屬介紹給全世界。分類學方面的報導也很豐富，偶爾還有從國外寄來的稿件。最近介紹十二卷屬節品評會展示的優秀作品，也是一項重大的工作。

官方網站上，有十二卷屬的介紹、協會活動介紹、機構雜誌導覽、追加品種名列表、登錄新品種名、入會簡介，以及部落格與公告欄。

部落格刊載了每季的話題、新品種介紹、公告事項等等，公佈欄受理與品種名有關的詢問等等。在不久的將來，會製作會員專用頁面，只在專用頁面上受理品種名認定等等問題，優良品種的大照片等等也預定公開給會員。

十二卷屬節每年4月在東京兩國舉行，除了主要的品評會之外，也會辦展售會與競標會。十二卷屬節的介紹導覽也會刊登在部落格上。

◎　　◎　　◎

日本十二卷屬協會很早就致力於使國際栽培植物命名法規普及，並以此為基礎，整理混亂的十二卷屬品種名，此成果於2013年發行為《十二卷屬品種名總覽》。本書的出版受到好評，2014年被國際園藝學會（ISHS）指定為十二卷屬的國際栽培品種登錄機構（ICRA）。這是日本園藝界頭一遭，即使到了2017年的現在，也是日本唯一的國際栽培品種登錄機構。

國際栽培品種登錄機構，是管理國際栽培植物命名法規的國際園藝學會，將蘭花或玫瑰等等各園藝植物的分類領域，以及該領域所使用的品種名稱的登錄與管理委任出去的國際機構。各項園藝植物的分類領域只會指定一個機構，由那個機構來管理全世界中該園藝領域的品種名。一旦受到指定，除非該機構停止活動或解散，幾乎都是半永久地繼續指定下去。到了2017年春天，世界上約有80種園藝植物領域，已指定了國際栽培品種登錄機構。

日本十二卷屬協會，不只是單純的十二卷屬愛好者的聯歡團體，也是以保護消費者（愛好者）為目的的消費者團體。

十二卷屬隨著受歡迎的程度日益擴張，像是Yahoo拍賣有販賣標示不實（假貨）的商品，或是將全斑的子株（沒有葉綠素的部分，因此半年後就會確實枯萎）賣給缺乏知識的新手；有些

賣家一出貨就刪除拍賣物品的照片，卻寄送不同的東西，使買家無法確認得標的是何種商品，這種惡劣買賣的案例時有所聞。

日本十二卷屬協會受理消費者的抱怨並調查，在部落格刊載警惕愛好者的文章（2016年2月／「關於不實標示」1、2、3）。透過這些行動，雖然減少了一些不實標示的案例，但偶爾還是會出現遭賣家欺騙的案例。

日本十二卷屬協會也在十二卷屬節舉辦消費者諮詢會，除了不實標示之外，也受理其他抱怨與諮詢，並與各地的消費生活中心等機構合作，以期使十二卷屬能安全流通。未來也以成為專為十二卷屬的合格消費者團體為目標。

為了能繼續做個真正能為所有喜愛十二卷屬、栽培十二卷屬、並且以誠實的方法培育出優良品種的人們有所助益的機構，本協會將會持續活動下去。

《十二卷屬研究》
日本十二卷屬協會發行的機構雜誌（原則上1年2期）。可在官網上查看封面、當期介紹品種與報導內容。

《十二卷屬品種名稱總覽》
網羅了2013年以前發表的十二卷屬品種名，包含無效名稱約4000個，2013同年發行。之後所發表的品種名，可以在協會官網上閱覽。

◆日本十二卷屬協會
http://www.haworthia.net/index.html
〒442-0862
愛知縣豐川市市田町西浦33-1

作者簡歷

監修

林 雅彥 Hayashi Masahiko

日本ハオルシア協會

◎一般社團法人日本十二卷屬協會代表理事兼事務局長。1947年出生於靜岡市。1969年畢業於東京教育大學〔現筑波大學〕理學部生物學系。1981年獲得農學博士〔東京農業大學研究所 Haworthia屬植物的組織培養〕。1975～1990年，任職〔財〕進化生物學研究所研究員。1981～2003年到南非的十二卷屬原生地進行多達20次的田野調查。1998年設立日本十二卷屬協會（日本ハオルシア協會）。

日文版工作人員

企劃	牧野貴志
製作協力	FILE Publications, inc.
植物攝影	林雅彥　橫田秀樹
照片提供	Mr. Gerhard Marx　吉田雅浩
	野尻智惠　中島勝芳
內文設計	BOSS（Academia）
DTP協力	田中滉（Take Four）
編輯	駒崎さかえ
編輯協力	伊武よう子　青山一子
推廣	中川通　渡辺塁
	編笠屋俊夫〔辰巳出版〕

國家圖書館出版品預行編目資料

超療癒！多肉植物十二卷屬：212品種圖鑑×
絕對不失敗植栽法／日本ハオルシア協會
林雅彥監修；梅應琪譯 -- 初版 --
臺北市：臺灣東販，2018.03
112面；18×24公分
ISBN 978-986-475-596-7（平裝）

1.仙人掌目 2.栽培 3.植物圖鑑

435.48　　　　　　　　　106025035

TANIKUSHOKUBUTSU HAWORTHIA
UTSUKUSHII SHURUITO SODATEKATANO KOTSU
© Nitto Shoin Honsha Co., Ltd. 2017
Originally published in Japan in 2017 by
Nitto Shoin Honsha Co., Ltd., TOKYO.
Traditional Chinese translation rights arranged through
TOHAN CORPORATION, TOKYO.

超療癒！多肉植物十二卷屬
212品種圖鑑×絕對不失敗植栽法

2018 年 3 月 1 日初版第一刷發行
2020 年 3 月 15 日初版第二刷發行

監　　修	日本ハオルシア協會　林雅彥
譯　　者	梅應琪
編　　輯	吳元晴、邱千容
美術編輯	黃盈捷
發 行 人	南部裕
發 行 所	台灣東販股份有限公司
	＜地址＞台北市南京東路4段130號2F-1
	＜電話＞(02) 2577-8878
	＜傳真＞(02) 2577-8896
	＜網址＞http://www.tohan.com.tw
郵撥帳號	1405049-4
法律顧問	蕭雄淋律師
總 經 銷	聯合發行股份有限公司
	＜電話＞(02) 2917-8022
香港總代理	萬里機構出版有限公司
	＜電話＞2564-7511
	＜傳真＞2565-5539

TOHAN